职工
职业化训练

ZHIGONG
ZHIYEHUA XUNLIAN

夏雪莹◎著

中国工人出版社

前　言

我国经济正处在转型升级的重要时期。从产出总量上看，我国已经成为全球制造业第一大国，但大而不强仍然是急需突破的瓶颈。要实现从制造大国向制造强国的转变，人才是关键。我们需要“高、精、尖”的技术人才，需要具有“工匠精神”的能工巧匠，需要具有职业化素质的员工队伍。

随着知识经济时代的来临，知识成为社会发展的主要因素，而掌握和创造知识的是“人”。对于企业来说，应更加重视员工知识、能力的培养。通过员工职业化素养的提升，可以改进绩效，提升客户满意度，促进企业科学健康地发展。

职业化是一个不断学习、不断提高的过程。对员工而言，通过培养职业化精神，提高职业化素养，可以提高职业竞争能力，对职业发展具有积极作用。本教材以提升员工职业化素养为目标，系统阐述了现代企业对员工职业化的要求，包括职业化认知、职业化基本素养、职业化核心能力和职业化礼仪四个方面的内容。附录部分收录了职业化能力测试和职业化训练游戏两部分内容。全书通过简明扼要的知识提炼，深入浅出的内容讲解，使员工对职业化有全面、正确地认识，帮助员工提升职业化素养，规范职业化行为。

教材从企业实际出发，选取日常工作中具有代表性的案例和企业实践中的经典案例进行编排。为了方便教学和员工自学，采取“知识学习 + 实务训练”相结合的方式，每章前面设置学习目标和学习引导，由案例引入正文，每章末尾安排思考练习题。员工可以对照自己的实际情况，进行有针对性学习和训练。首都素质办公室评审专家邢林和、李惠斌和徐长威教授审阅了全稿，并提出了宝贵的修改意见，对此表示衷心的感谢。本书写作过程中，中国工人出版社编辑给予了热情鼓励和帮助，在此谨致谢意。

由于水平所限，缺点错误难免，恳请读者批评指正。

目 录

C o n t e n t s

第一章

职业化认知

学习目标

1. 了解职业化的含义。
2. 掌握职业化的基本内容。

学习重点

职业化对职业成长的促进作用。

学习难点

对职业化的正确认识。

学习引导

员工①职业化是现代企业发展的必然要求。通过员工职业化可以改善绩效，提升客户满意度，提高企业的可持续经营能力。职业化可以提高员工的职业竞争力，对职业生涯的发展具有促进作用。职业化是一个不断学习、不断提高的过程，是可以培养和塑造的。员工通过自主学习或参加企业组织的学习，可以实现从非职业化向职业化的转化。职业化的基本内容包括职业道德、职业化意识、职业化态度和职业化能力等。

---

① “职工”和“员工”均指“职员和工人”。（参见《现代汉语词典》第5版，商务印书馆，2005年版，第1674、1750页）在文中通用。

第一节　职业化内涵

我是一名职业人

我是一名美发师

三年前通过同学的介绍来到这家美发沙龙工作，从给顾客洗头发开始学起。洗头发看似简单，其实是需要技巧的。洗发分为干洗和水洗，如果顾客没有特殊说明，还要给顾客进行头部按摩。对穴位的掌握和按摩的技巧，都需要认真学习。接着是学习各种美发工具的使用，学习如何卷杠和染发。剪发是最难学的，学习的时间也最长。

作为学员一定要勤快，多干活是我的“秘诀”。干得多了手上的“感觉”就有了，才会越来越熟练。况且师傅都喜欢勤快的徒弟，你越勤快，师傅越愿意教你，你的进步就越快。另外要多观察、多琢磨、多练习。我现在已经成为一名正式的美发师，有了自己固定的客户。

我们常常说头发是人的第二张脸，我们要为每一位顾客负责。顾客来这里“做头发”，就是对你的信任，不能辜负这份信任。我喜欢我的工作，每次为顾客做完发型，看到顾客的笑脸，听到顾客的夸赞是我最高兴的时候。我是一名手艺人，用自己的技术养活自己，服务他人，感觉特棒！

我是一名维修工

我的工作是负责公司的设备维修。设备维修是技术性比较强的工作，需要掌握每台设备的工作原理和结构，了解设备的安全规范及标准，懂得一般故障的排除方法，以及设备保养知识等。要成为一名合格的维修工，学习是第一位的。现在技术更新的速度越来越快，不学习就会被淘汰。虽然在学校学过一些理论知识，但更重要的是在工作中学习，边干边学，不懂就向师傅请教。两年前我开始记维修笔记，将每次发生故障的原因和维修的关键点详细记录下来，空闲的时候，就拿出来看一看，这也是一种学习。

有一次凌晨四点接到领导电话，要求我马上赶到公司参加设备的抢修工作。当时是投入使用不久的一台钢化炉出现故障。故障造成停产，会导致订单无法按时完成。因为我对这台设备的原理、构造比较了解，所以很快查明原因，不到两个小时就排除了故障，设备恢复正常。

我属于动手能力特别强的那类人，从小就喜欢拆装东西。一拿起工具，心里就特别踏实。每次故障排除，设备重新启动的那一刻，是我觉得自己最有价值的时候。我珍惜我的工作岗位，热爱我的工作。

一、职业与职业化

从词义上看，“职业”是指个人在社会中所从事的并以其为主要生活来源的工作。职业是参与社会劳动，以个人的专业能力获得合理报酬和社会地位的工作方式。在社会中绝大多数人都拥有一份职业。职业是谋生的手段，同时也是为社会做贡献，实现人生价值的舞台。

学者们从各自的研究领域出发，对“职业”的含义分别做出了解释。从社会学角度看，职业是一种社会角色，劳动者为社会承担一定的责任和义务，并从中获得报酬；从经济学角度看，职业是指发挥个人的才能，承担生产任务，为社会提供有价值的服务，并从中取得收入。职业是社会分工的产物，随着现代社会分工越来越细，每一个从业者都在从事一个相应的职业。

职业具有以下特征：

（1）职业具有社会性

不同的职业承担着不同的社会责任，职业的不同意味着生活方式、社会角色和特定地位的不同。

（2）职业具有经济性

职业活动的目的之一是获得合法、稳定的经济收入。劳动者履行岗位要求，完成工作，社会或企业对劳动者的付出给予回报；劳动者获得报酬，以此维持个人和家庭生活，这是保持社会稳定的基础。

（3）职业具有稳定性

每一种职业从形成到发展直至消亡，都会经历一个过程。职业具有一定的生命周期，并在一定时间内保持稳定。但是，职业的稳定性是相对的，随着社会的发展和科技的进步，有些职业逐步退出历史舞台，或被新的职业替代。

（4）职业具有发展性

职业是社会分工的产物，随着社会分工的细化，职业的种类越来越多。古老的职业会随着社会经济的发展而消亡，新兴职业会不断涌现。每个时代都会出现受人追捧的热门职业。

（5）职业具有专业性

不同的职业对专业的要求不同，甚至存在较大的差异。作为劳动者要清楚不同职业对专业性的要求，找到适合自己并可以胜任的职业；另外，职业的专业性可以发挥个人的专业技能，并以此为社会做出贡献。

（6）职业具有规范性

职业活动要遵守国家的法律、法规和社会道德准则。

了解职业的概念和特征，有助于对职业化的认识。职业化就是职业的规范化和专业化，任何一种职业，都存在职业化的问题。国内关于“职业化”的讨论一直没有停止过。因为研究视角的不同，学者和企业界人士对“职业化”的内涵有着不同的解读。下面我们从企业经营和职业发展的角度，来解读员工职业化的内涵。

员工职业化，传统的观点是听老板的话，老板让干啥就干啥！显然这种观点已经不符合时代发展的要求。还有人提出职业化就是“职业＋专业”。这种说法又太简单、笼统。

所谓职业化员工，是指在市场经济条件下，以为企业创造绩效和提升客户满意度为目的，具备专业服务理念和职业道德，运用专业的知识和技能，按要求完成工作目标的员工。职业道德、职业化意识、职业化态度、职业化能力是职业化的重要组成部分。

员工职业化包含三个方面的含义：

1. 职业化目的

对于企业而言，员工职业化的目的是改善绩效，提高客户满意度。提高企业的可持续经营能力。对于员工而言，职业化可以提高职业竞争能力。职业化修炼的过程也是职业竞争力的提升过程。

2. 职业化规范

员工职业化应遵循特定的规范和标准。这个规范和标准可以是被社会普遍认可和遵循的规范和标准，例如，爱岗敬业的精神，积极进取的态度，团队协作、诚实守信的工作作风等；也可以是与该职业相关的特殊的规范和标准，例如，商业经营者以“童叟无欺、诚信经营”为准则，医生以“治病救人”为宗旨等，体现了不同行业的职业规范。

3. 职业化培养

职业化是一个不断学习，不断提高的过程。职业化是可以培养和塑造的。员工通过自主学习或参加企业组织的学习，可以实现从非职业化的状态向职业化的状态转化，在这个过程中，员工的职业态度和职业行为均发生改变，而这种变化有利于员工的职业发展和企业绩效的改善。

二、职业化的主要内容

员工职业化主要包括以下几方面的内容：

（一）职业道德

《公民道德建设实施纲要》中指出：职业道德是所有从业人员在职业活动中应该遵循的行为准则，涵盖了从业人员与服务对象、职业与职工、职业与职业之间的关系。职业道德就是按照道德标准行事，是最基本的职业素养。职业道德是职业化的核心内容之一，是从业人员在职业活动中的准则。遵守职业道德，承担职业责任，是实现职业理想的前提。

（二）职业化意识

职业化意识是对职业劳动的认识、评价、情感和态度等心理成分的综合反映，是为实现职业目的而具有特定的思维模式。良好的职业化意识能够促进自身作用的发挥，充分展现自己的才能。

职业化意识包括角色意识、竞争意识、服务意识、自律意识、质量意识和创新意识等。

（三）职业化态度

要想在职业上有所成就，首先要拥有职业化的态度。积极的职业态度可以激发工作潜能，正确对待工作中的困难，高效地完成工作任务。

职业态度包括乐观自信、务实专业、享受工作和尽情投入等。可以说，职业化态度是决定事业发展成败的关键因素。

（四）职业化能力

职业化能力是指从业人员从事职业劳动和完成岗位工作应具有的业务能力，包括专业能力和综合能力。专业能力是对从业人员工作水平的规范性要求，也是衡量劳动者从业资格和能力的重要尺度。综合能力包括学习能力、执行能力、沟通能力、人际交往能力和情绪管理能力等，也被称为职场“软实力”，是职场人士的必备能力。

另外，职业化还包括符合职业规范和标准的职业形象，如文雅礼貌的言谈、得体的举止和与职业相吻合的着装等。

现代企业，对员工职业化的提升都非常重视。但有些企业在推行职业化管理的过程中，存在认识上的误区，应该引起注意。对职业化认识的误区主要表现在以下几方面：

（1）职业化就是统一着装

提起职业化，一些人就认为穿上统一的制服，在服装上整齐划一就是员工职业化。这种认识未免肤浅、片面。规范着装，打造职业形象是职业化礼仪的内容之一，而职业化礼仪只是职业化的一个方面，并非职业化的全部。

（2）只有企业管理者才需要职业化

作为企业管理人员，必须具备职业化素养，包含了教导下属，带领团队等。管理人员的职业化是非常必要的。但并不是说，只有管理人员才需要职业化，企业员工同样需要职业化。企业建立职业化的队伍，需要实现全员职业化，无论学历高低、资历深浅，无论身处什么职位，都要有职业化意识，都需要培养职业化素养，使自己成为一名合格的职业人。

（3）只有新员工才需要职业化

诚然，刚刚进入职场的新员工，大多处于职业生涯的早期阶段，正在经历从非职业化状态进入职业化状态的转变当中。进入职场，在工作过程中，主动培养职业化意识，提升职业化技能是非常必要的。资深员工经过多年的职业磨炼，已经具备了一定的职业化素养和职业化能力。但资深员工同样面临着成长乏力、知识老化、职业发展陷入瓶颈等问题的困扰，只有通过不断学习，提升职业化能力，才能突破职业壁垒，创造新的职业辉煌。

（4）职业化只对企业有利

拥有一支训练有素的职业化队伍，是企业最大的财富，也是企业竞争和发展的动力。但由此认为职业化只对企业有利，或者认为职业化对员工是一种约束的看法是错误的。员工通过职业化的培养，可以提升职场竞争能力，促进职业生涯更好的发展。员工职业化，可以促进个人目标和组织目标的协同发展，达成企业和员工的双赢结果。

第二节　职业化与职业生涯

姚明的职业精神

姚明是中国体育史上国际影响力最大的运动员之一。但他不是从天而降的英雄，他是靠着自己的努力、智慧、坚韧的职业体育精神，一步一步走到了今天。

在姚明的职业运动生涯中，代表国家队 4 次夺取亚锦赛冠军，一次亚运会冠军，一次奥运会第八名的好成绩；在国际巨星如林的 NBA 四个赛季中，他共参加了 301 场比赛，首发 291 场，平均上场时间 31.5 分钟，平均得分 17.5 分，2006 年他平均得分为 22.3 分，并且成为 2005 ~ 2006 赛季 NBA 得分最高的中锋之一。他四次入选 NBA 全明星最佳阵容。

球场上，他刻苦训练，顽强拼搏，提高球技；球场外，他注意自己的形象和言谈举止，善待他人，严格要求自己。由于姚明的出色表现，2005 年他获得了全国劳动模范的光荣称号，受到社会各界和球迷的高度赞扬。

另外，我们的每一名运动员和姚明的距离并不是那么遥远。我们的每一名运动员都应该像姚明那样去认真地善待自己和自己的职业生涯，持之以恒地对自己从事的运动项目进行不懈追求。如果每一名运动员都能足够地珍惜自己，即使你不会成为姚明，你也会取得自己满意的成绩。

同时，我们回过头看看姚明在CBA联赛时的对抗。虽然在他的最后一个赛季，姚明每场可以得到接近40分，抢到20个篮板球，但他的真正对抗能力并不强。在姚明的成长过程中，有多少人曾经把他撞倒在地？和姚明相比，有很多运动员拥有更好的天赋，都曾经站在姚明前面，但现在姚明取得了他们无法想象的成就。从某种意义上讲，如果以姚明的体质、肌肉类型能够达到今天的标准，那么中国会有一部分职业篮球运动员都应该达到这个标准。但事实上没有，因为很少有人具有姚明的职业精神。

姚明非常难能可贵的一点是，他明白自己是一名职业球员，他明白应该怎样对待自己。在他刚到火箭队的时候，他的体能教练法尔松曾经对他说：你怎样对待你的身体，你的身体就怎样对待你。姚明把这句话当成了他的座右铭，把每天的力量训练、体能训练变成了一种习惯，就像吃饭一样。人不能一天不吃饭，职业运动员不能一天不雕塑自己的身体。

2005年12月，姚明脚趾伤势严重，必须进行手术。在手术后恢复的长达40天的时间里，姚明并没有天天躺在病床上。他仔细地观看了大量比赛录像，观看自己在比赛中得到球的位置、处理球的方式、对方来夹击自己的时机选择和自己进攻和防守的手段。通过录像观察，他发现自己在接球时和被夹击时容易失误，于是开始接受教练为他专门设计的接网球训练。教练把50个网球放在一个筐里，一个接一个投掷给他，不能移动的姚明坐在椅子上，去努力把投来的球接住。在开始的两三天里，姚明能接住的球相当少，但到了后期，他能在50个球里接住45个左右。当姚明复出之后，他的失误率明显降低，打出了四个赛季以来最惊人的冲击波。

从上述这些行动中，我们可以发现，姚明和所有运动员一样，也有一个接受和适应的过程，他也不是一上来就什么都清楚。但姚明拥有坚韧的职业精神，同时把职业精神和训练的科学性非常出色地结合在一起。

火箭队主教练范甘迪说：“姚明拥有上帝赋予的巨大身材，但是他的成功还是在于后天的学习和顽强的努力。比起其他球员，姚明的最大优势是知道自己该做什么和不该做什么，不该做的事情他一次都不会去做，这就是职业精神的表现。”火箭队助理教练西皮杜曾公开表示，认为姚明是职业运动员的楷模，他的献身精神和自律意识是首屈一指的，姚明的职业精神是现象级别的，他不会浪费任何时间。在NBA，成功只有一个方法——努力！

火箭队总经理道森曾说：“姚明是一个伟大的球员，更是一个为人谦和的小伙子。姚明所表现出来的一种职业精神让我们都很钦佩。”

资料来源：《中国篮协“学习姚明的职业体育精神”号召全文》，新华网，2006－06－22（有删节）

一、职业生涯概述

（一）什么是职业生涯

职业生涯是指“与工作相关的整个人生历程”。① 无论何人，只要参加了与工作相关的活动，就认为在继续其职业生涯。关于“职业生涯”的概念历来有着不同的观点。为加深对职业生涯概念的理解，有必要了解当前较为流行的职业生涯观点。

1. 传统职业生涯观点

一种观点认为职业生涯与职业的进步或者晋升相联系。这种观点认为一个人只要在地位或薪酬上取得提升或进步时，才可以认为职业生涯在延续。这种观点对职业生涯做出了严格的定义，认为如果在上述两方面没有进步，就不能称其为真正的职业生涯。

另一种观点认为职业生涯是一种专业，如律师、会计师等，只有从事专业性比较强的工作的人才有职业生涯，而一些专业性较弱的工作，如专卖店的店员和餐饮店的服务员就没有职业生涯。这种观点认为职业生涯与专业资格和职务是紧密联系的，对职业生涯的界定同样比较严格。

还有一种观点认为一个人从事密切相关的一系列工作（如教师、警察等）

① ［美］杰弗里·H. 格林豪斯，杰勒德·A. 卡拉南，维罗妮卡·M. 戈德谢克. 职业生涯管理（第三版），王伟，译. 清华大学出版社，2006：9.

被认为演绎一种职业生涯，如果从事的工作没有相关性，如教师改行做律师或者医生改行成为企业家，则不构成职业生涯。这种观点强调的是职业的稳定性和一致性。

以上三种观点在职业晋升、专业资格、职业稳定性和一致性方面有严格要求。大体上被认为是传统的职业生涯观点。

2. 无边界职业生涯观点

1994 年 Arthur 首次提出“无边界职业生涯”的概念，并于 1996 年进行了修正和丰富，出版了《无边界职业生涯》一书，使“无边界职业生涯”逐渐成为一个颇具影响力的观点。与传统的职业生涯不同，无边界职业生涯是指超越单个就业环境边界的一系列的就业机会，无边界职业生涯强调以就业能力的提升替代长期的雇佣保证，使员工能够超越不同组织实现持续就业。

无边界职业生涯的提出与企业面临的外部环境有关。20 世纪中后期，信息技术和知识经济迅猛发展，企业之间的竞争加剧。为了应对外部环境的挑战，企业组织结构发生了根本性的变化，从传统层级体制向更扁平的组织形式发展。组织结构的扁平化，导致层级减少，员工在企业内的职业晋升路径受阻；同时企业并购潮的出现动摇了长期雇佣的基础，取而代之的是更具弹性的雇佣方式，如派遣员工大量出现。雇佣关系的改变，使得员工在企业内的不同岗位和不同企业之间的流动性大大增强。20 世纪 80 年代人才要 15 ~ 20 年才会有一次工作变动；20 世纪 80 ~ 90 年代，缩短为每隔 10 年人才大约会有一次工作变动；到 20 世纪 90 年代，缩短到每隔 5 年人才大约会有一次工作变动。

无边界职业生涯观点的提出与时代的发展密切相关。无疑，这种观念的出现对传统的职业生涯管理造成了非常大的冲击。

3. 无边界职业生涯与传统职业生涯的主要区别

（1）雇佣关系的变化

外部激烈的竞争和企业内部组织结构的变革使得雇佣关系发生了变化。长期、稳定的雇佣形式发生动摇，企业雇佣的短期化和员工派遣形式的出现是直接的表现。扁平化的组织结构，使得员工加薪和晋升的机会大大减少。越来越多的员工开始横向的工作变动，包括组织内部的调动、调岗等。频繁的职业变动要求员工不断学习、更新技能，以保持就业能力。因为无论雇佣时间长短，员工的就业能力是保证实现就业的核心因素。

雇佣关系的改变，使得心理契约发生变化。在无边界职业生涯中，员工与企业之间的心理契约由关系型转变为交易型。传统的职业生涯是从稳定的角度出发，企业提供长期的雇佣保障来换取员工对企业的忠诚；无边界职业生涯转变为企业更关注员工绩效，员工更关注企业提供的经济利益和自身就业能力的提高。这种心理契约的变化无论对企业还是员工都影响深远。

（2）职业生涯成功标准的变化

对职业生涯是否成功的衡量有两个层面——客观层面和主观层面。传统职业生涯多是从客观层面进行评价，如薪水的增加和职业地位的提升，这是长期以来社会大多数人认为职业成功的特征。薪酬的高低往往是由企业绩效和个人绩效决定的，企业绩效高低受多种因素影响，常常是个人无法控制的。由此导致薪酬的不确定性增加。而企业组织的扁平化，又使得中高级管理职位减少，晋升的可能性降低，职业发展不再以职位的升迁为主，取而代之的是内部轮岗和横向的流动。由此可以看出，职业成功的客观标准容易受到个人无法控制的因素影响，从而使得客观指标不再具有代表性。

无边界职业生涯的成功标准则更注重个体的市场竞争能力和职业满意度。职业生涯的主观层面变得越来越重要。从看重结果转变为看重过程，从看重外在评价标准转变为看重个人内在感受标准。主观评价指标主要包括胜任能力的增强、从别人那里获得尊敬、学习新东西的机会等。例如，内部的轮岗和横向的调动，使员工能够掌握多项技能，帮助其提升持续就业的能力。职业成功更强调的是心理成功，是达到人生目标的成就感和自豪感，是个人成就、工作的意义、社会贡献、家庭幸福和内心的平静等。

另外在雇佣关系、职业管理的责任和职业发展阶段等方面也存在差异。具体参见表 1－1 无边界职业生涯与传统职业生涯的区别。

表 1－1　无边界职业生涯与传统职业生涯的区别

维度	传统职业生涯	无边界职业生涯
雇佣关系	以长期雇佣保障换取忠诚	绩效和灵活性的就业能力
组织边界	1～2 个组织	多个组织
技能	与组织相关	多项技能，可迁移

续表

维度	传统职业生涯	无边界职业生涯
衡量成功的标准	薪资、晋升、地位	市场竞争能力、工作的意义
职业管理的责任	组织为主	个体为主，组织为辅
发展阶段	年龄相关	学习相关

需要说明的是，职业生涯的无边界趋势给传统的职业生涯管理方式带来巨大冲击是毋庸置疑的，但并不意味着传统职业生涯发展形式消亡了，或者传统职业生涯的成功标准失去意义了。事实上，很多企业将薪酬的提高和职位的晋升作为激励员工的重要手段，而有些员工也将薪酬的增加和职业地位的提升作为职业目标来努力。无边界职业生涯是在企业外部竞争日趋激烈，内部不确定性增加的情况下，个人职业生涯发展的另一种方式。是在传统的职业成功标准之外，人们对职业发展和职业成功一种新的界定形式。无论是企业还是员工，都应清楚地认识到这一点，这对职业生涯的管理具有现实意义。

（二）职业生涯管理的必要性

职业生涯管理是指职业生涯的规划、开发、执行、修正、评估的持续性过程。职业生涯管理的主体是员工个人，员工要为自己的职业生涯负责。当然企业要为员工的职业生涯管理提供必要的支持。

职业生涯管理的必要性，从员工的角度，表现在以下几方面。

1. 对工作环境的清晰认识

通过职业生涯管理，有助于员工对客观环境进行分析，增强对工作环境的把握能力，学会平衡职业短期的收益和长期发展的关系，认识到某种职位横向的调动或许能给自己提供更多的培训机会和职业发展的可能性。

2. 对自我能力和天赋的认知

职业生涯是个人与职业相互匹配的结果。不同的性格，所适应的职业不同，而不同的职业，对人的要求也不相同。职业生涯管理首先要认识到自己的能力、兴趣和喜欢的生活方式，并以此选择和确定适合的行业和职业，使自己的职业生活更加充实而富有成效。

3. 树立正确的职业生涯发展观

职业生涯是一个发展过程。在职业生涯过程中要树立正确的职业发展观。

自力更生是职业管理的关键，虽然公司需要承担部分责任，但职业发展的最终责任是员工个人。

4. 制定实事求是的职业规划

客观评价自己的工作能力，如果有必要，可以就自己的工作绩效与上级进行坦诚沟通，了解自己的优势和不足，并根据工作实际做出切实可行的职业规划。脱离现实的职业规划注定是空中楼阁，难以实现。

5. 根据环境的变化对职业目标进行修正

员工认识到职业目标会随着客观环境或时间发生改变，于是主动根据客观环境的变化对职业目标进行修正，使其更符合自己的兴趣和特长，并与社会发展相适应，努力达到自我价值的实现。

虽说职业生涯管理的主要责任是员工本人，但企业也应承担一定的责任。企业应建立必要沟通渠道，了解员工的职业愿望，为员工的职业发展提供支持和帮助。

从企业角度出发，职业生涯管理的必要性，体现在以下三方面。

1. 人力资源的开发和合理配置

随着知识经济时代的来临，知识成为社会发展的主要因素，而掌握和创造知识的是“人”。所以，企业应注重员工的知识、能力的培养和综合素养的提升。加强职业生涯管理，能更有效地开发企业内的人力资源，合理使用和配置人力资源，使人尽其才，才尽其用，为企业创造更大的价值。

2. 调动员工积极性，改进工作绩效

职业生涯管理的目的是了解员工的职业发展目标和期望，真正知道员工在个人发展上想要什么。在此基础上，为员工提供职业发展的资源和信息，协助员工制定切实可行的职业发展规划，并根据客观情况的变化，给员工提出建设性的意见，对职业定位进行适时的调整，使员工更好地发挥个人的潜质，为员工的职业发展提供动力，帮助员工实现职业生涯目标。通过职业生涯管理，调动员工的积极性，激发员工的工作热情和为企业服务的精神，改进工作绩效，实现企业发展目标。

3. 推动企业发展和进步

在快速变化和竞争激烈的时代，企业对职位晋升和薪酬调整等方面越来越难以做出明确的规定和承诺，但企业可以通过其他渠道和方式开发员工的潜能。更多的企业认识到，如果不能为员工的职业提供成长空间，企业自身也不能赢得发展。企业通过职业生涯的管理，为员工提供施展才能的舞台，公平公正地为员工提供发展机会，从而提高员工生产力，鼓舞员工士气，降低关键岗位的员工流失率，推动企业的进步和发展。

二、职业化对职业生涯的影响

（一）职业化有助于提升员工的竞争能力

据官方数据统计，从2001年开始，全国普通高校毕业生人数逐年递增。2001年全国普通高校毕业生人数为115万，2016年达到765万。15年间，毕业生人数增长了650万。据教育部初步预计，2017年，应届毕业生人数将达到795万，比2016年增长约30万。再加上出国留学人员及未就业的往届毕业生，有1000多万大学生同时参与竞争。尽管各地教育部门、高等院校开展了综合措施帮扶就业，但由于大学生总量维持在高位状态，同时结构性矛盾突出，适合毕业生的岗位相对不足，尤其在"北上广"等一线城市，毕业生普遍认为就业形势严峻，竞争异常激烈，"一岗难求"，压力巨大。

企业方面由于经济下行，传统行业处在结构性调整的重要时期，用工需求疲软，很多企业采取更为灵活的用工方式，例如减少长期员工的数量，更多地雇佣短期员工和兼职员工，或采取劳务派遣的用工方式。在这种大背景下，对于无论正准备求职的应届毕业生还是在职员工，保持市场竞争力是十分重要的。市场竞争力分为"内部市场竞争力"和"外部市场竞争力"。其中"内部市场竞争力"是指员工对任职企业的价值。"内部市场竞争力"比较强的员工，在企业内部受到重视，得到更好的职业发展机会，降低被解雇的可能性。而"外部市场竞争力"是指求职者和员工在外部的劳动力市场上的价值。"外部市场竞争力"比较强的求职者在劳动力市场上更受雇主青睐，因而更容易找到满意的工作。

职业化的员工具有良好的职业意识，例如服务意识、竞争意识、自律意识等；职业化的员工具有积极主动的工作态度和团队协作的精神；职业化的员工具有规范化的行为；职业化的员工掌握了工作所需的职业技能。由此不难看出，职业化的员工更具备市场的竞争能力。当今时代，任何企业都不会养闲人、懒人、庸人，是否具备职业化的意识和职业化的技能，直接决定了员工自身发展的潜力和职业成功的可能性。

（二）职业化有助于实现职业理想

职业化的员工更容易取得职业上的成功，实现职业理想，获得职业幸福感。高凤林就是其中的代表人物。

高凤林，中国航天科技集团公司第一研究院首都航天机械公司焊工，国家特级技师。他是给火箭焊“心脏”的人，被誉为发动机焊接的第一人。他18岁进厂，从此与焊接结缘。航天制造，要求零失误。任何一个小小的瑕疵，都会导致一场灾难。焊接这个手艺看似简单，其实每一个焊接点的位置、角度、轻重，都需要经过缜密思考，不允许半点马虎。入行之初，他接受了严格的训练，从焊接姿势到呼吸，都需要反复练习。吃饭时拿筷子练送丝，喝水时端着盛满水的缸子练稳定性，休息时举着铁块练耐力。30多年来，日复一日，高凤林全身心地投入对技术的磨炼和创新上。他参与焊接发动机的火箭就有140多发，占到中国火箭发射的一半以上。

长征五号运载火箭是中国火箭升级换代的里程碑式的产品，对于这种大运力的发动机，每一个焊点都是一次全新的挑战。焊接难度最大的部位就是喷管，喷管上有数百根空心管线，管壁的厚度只有0.33毫米，高凤林需要通过3万多次的精密焊接操作才能把它们编制在一起。而每个焊点只有0.16毫米宽，完成焊接允许的时间误差仅为0.1秒。这样严苛的技术指标，要求高超的技术和稳定的心理状态。每一个动作都要求一丝不苟，要心平手稳，呼吸平缓，并且眼睛要“盯住”。为了焊接需要，他练就了“可以10分钟不眨眼”的绝活儿。生理学研究表明，人类日常眨眼的频率每分钟大约15次，眨眼属于很难自主控制的生理活动。高凤林做到10分钟不眨眼，是超高的自我训练培育成的超常自控力。高凤林觉得，这些都是他职业生涯的财富。他说：“当火箭升空那一刻，让我想起我们手里的焊枪，这个时候感到非常幸福。”

敬业、执着、精进，这就是成功的秘诀。正因如此，高凤林赢得了人们的尊重，先后荣获“全国劳动模范”“中国高技能人才楷模”“全国十大能工巧匠”等荣誉称号。2016年4月27日，高凤林获评中宣部、中央文明办、全国总工会联合发布的“最美职工”，成为第三批获此殊荣的一线职工。

无论从事什么样的工作，是厨师还是维修工，是快递员还是运动员，但凡在职业上取得成绩的人，都是热爱工作，对工作充满激情，态度积极认真的人；都是在各自的领域不懈追求，努力提升自己专业技能的人；都是具有职业理想和职业精神的人。他们在不断追求，不断进步，为达到目标而努力的过程中，发挥自己的潜能，自我价值得到充分展现，并从中体会到工作的乐趣和成就感。所以，提升职业化素养有助于达成职业目标，取得职业成功，实现职业理想。

第三节 职业化与企业发展

华为的职业化之路

很多企业一开始并没有什么伟大目标，可能仅仅是因为偶尔一次机会赚到了钱，就成功了。但是，创业的成功并不能保证企业实现持续的发展和成功。一个企业要由创业走向真正有持续生存能力、成长型的企业，职业化管理是一个非常重要的基础。

企业必须实行职业化的管理。如果一个企业不能够走向职业化的管理，任何宏伟的战略都是不可能实现的。简单来说，职业化的管理就是解决企业内部问题要靠法治而非人治，也就是企业依照程序和规则运作，而非靠兴趣和感情维持。当然，这里并非否认在企业运作过程中个人的权威、个人的魅力对企业发展的重要性。但是，只有将企业家的魅力变成程序化的、可被接受的管理程序时，这个企业才能真正实现职业化的管理。

在1997年圣诞节前后，在访问了美国休斯公司、IBM、贝尔实验室和惠普4家公司后，任正非深思熟虑并权衡之后对华为提出了一系列改造计划。

“创业阶段，华为避开了与跨国公司的正面竞争，在它们不愿触及的农村市场站稳了脚跟。但是，与世界一流公司相比，华为的管理水平和员工的职业化素养都存在明显的差距，‘农民＋手工作坊’的创业发展模式已经成为制约企业持续发展的最大障碍。”

任正非认为，华为要寻求更大的发展，就必须进行管理变革，使其管理体系与国际化接轨。实行职业化管理是成为世界一流企业的必要条件。

职业化管理指的是解决企业内部问题要靠“法治”而非“人治”。企业在初创时，由于主要的管理控制权掌握在企业的拥有者或关键技术的掌握者手里。因此，这时的企业往往以“人治”为主，就是以少数领导者的意志为企业管理的主导意志的管理模式；而随着企业的不断发展，领导者的意志已经对企业各个方面实施有效管理形成了阻碍，企业需要根据自己的业务状况制定和执行科学的管理制度和业务流程，形成一种决策科学化、流程标准化、考核系统化的管理模式，即“法治”。提高职业化水平其实就是从“人治”向“法治”转变的过程。

任正非也曾忧虑地说：我们的游击作风还没有退尽，国际化的管理风格尚未形成，员工的职业化水平还很低，我们还不具备在国际市场上驰骋的能力，我们的帆船一驶出大洋，就发现了问题。于是，1997 年开始，华为与国际著名的顾问公司合作，大力改革人力资源管理制度，逐步建立起以职位体系为基础、以绩效与薪酬体系为核心的现代人力资源管理制度，促使华为员工的任职能力不断增强，从而使员工承担的责任越来越大，职业化水平越来越高，打造一支可以推动华为更快速发展的职业团队。

2000 年以后，华为进入以职业化、流程化管理为特点的第二创业阶段。2009 年 4 月 24 日，任正非在华为运作与交付体系奋斗表彰大会上说道：“什么是职业化？就是在同一时间、同样的条件，做同样的事的成本更低，这就是职业化。”

任正非在其文章《要从必然王国，走向自由王国》中写道：华为第一次创业的特点，是靠企业家行为，为了抓住机会，不顾手中资源，奋力牵引，凭着第一、第二代创业者的艰苦奋斗、远见卓识、超人的胆略，使公司从小发展到初具规模。第二次创业的目标就是可持续发展，要用 10 年时间使各项工作与国际接轨。它的特点是要淡化企业家的个人色彩，强化职业化管理。把人格魅力、牵引精神、个人推动力变成一种氛围，使它形成一个场，以推动和引导企业的正确发展。氛围也是一种宝贵的管理资源，只有氛围才会普及大多数人，才会形成宏大的具有相同价值观与驾驭能力的管理者队伍。才能在大规模的范围内，共同推动企业进步，而不是相互抵消。

资料来源：王伟立、李慧群：《华为的管理模式》（第三版）（有删改），海天出版社，2011 年版

一、员工职业化是企业发展的必然要求

（一）职业化有利于提升企业竞争力

进入 21 世纪，市场竞争越来越激烈，企业面临的生存环境更加复杂，更加严酷。在世界 500 强企业名录中，每过 10 年，就会有三分之一以上的企业从这个名录上消失。例如，我们熟知的诺基亚、索尼、柯达……在中国，中小企业的寿命仅为 2.5 年，集团企业的平均寿命也只有 7 ~ 8 年。正如上文所说，企业因为一个偶然的因素赚到钱，成功了，但并不能保证企业可以实现可持续的经营和发展。

中外很多成功的企业经验表明，提升企业的核心竞争能力，实现企业的科学健康发展，必须建立一支高素质的职业化队伍来做保证。职业化管理是企业持续发展的基础，是现代企业发展的必由之路，是提升企业核心竞争力的关键因素。

（二）职业化有助于企业转型的顺利实施

作为全球制造业第一大国，目前我国制造业出现了增速放缓、动力不足的现象。国家提出供给侧结构改革，减少无效供给和低端供给，从制造大国向制造强国迈进。这个转变对于国家来说具有深远意义，对于企业则是生死存亡的大问题。很多企业正处在调整结构，转型升级的重要关头。企业战略上的调整，需要执行层面的配合，需要既有专业素养又具备专业技能的职业化员工队伍做保障，只有这样，转型升级才能够顺利实施。高素质的员工队伍已经成为企业参与竞争的新优势。

（三）职业化有利于提升企业绩效

职业化的目的之一就是改善企业绩效。职业化程度的高低直接影响着企业绩效的好坏。试想，如果员工缺乏努力工作的态度，不具备完成工作的能力，整日懒散混日子，企业怎么能够发展壮大，怎么能够具有市场竞争力呢？绩效的提升，取决于员工是否能够出色地完成工作任务，即取决于员工的职业化程度。

（四）职业化有利于企业树立良好形象

企业形象是企业价值理念的外在表现形式，良好的企业形象是企业的无形资产。企业形象并不仅限于企业的 LOGO 和产品形象，员工是企业的形象大使，是企业形象重要的传递者。职业化的员工形象是企业品牌形象的一部分。通过员工的言行举止、行为规范、工作作风等折射出企业风貌，传导企业文化和品牌形象。客户从员工身上可以感受到公司的服务水平和经营管理水平。

二、企业建设职业化队伍的途径

（一）加强入职前的选拔和教育

从企业人力资源战略的角度出发，加强入职前的选拔和教育是塑造职业化团队的重点。首先，入职前的选拔需明确岗位标准和胜任能力，做到人职匹配。这样才能调动员工的积极性，发挥员工的聪明才智，为企业创造效益。其次，要注重员工职前教育。入职前有计划、有目的的职业化培训，对员工了解工作世界、认识职场、适应环境、接纳企业有非常大的帮助。一般情况下，新毕业的大学生和处于职业生涯早期的人员，他们对职业化的内容和要求并不十分了解，有些人也没有在思想上做好准备，不知道要经历怎样的职业化过程。所以，需要企业对他们进行职业化的教育和引导，使他们尽早适应工作环境，在各自的岗位上，发挥出自己的价值。

（二）通过培训提升员工职业化素质和能力

通过培训引导员工树立正确的职业意识和职业态度，让员工能够正确理解职业化对个人发展和公司业绩的重要作用，在企业内部营造良好的职业化氛围。

通过学习培训，提高职业化技能。员工队伍的职业化离不开“专业化”。通过培训，培养适应企业长远发展的技术人才和业务多面手，推动企业创新和进步。

鼓励员工自主学习。企业要创造条件，鼓励员工参加岗位技能学习，通过岗位技能鉴定，取得相应的职业资质。

（三）制定明确的职业化行为规范

企业应制定明确的职业化行为规范，包括职业化的形象、职业化的行为准则和职业化的技能标准。只有标准清楚了，员工才能知道怎么做。员工职业化的行为并不仅仅是个体行为，需要有制度的保障。建立完善的制度和标准，有利于规范和引导职业行为，影响和带动员工职业化的发展。

（四）通过企业文化建设，促进员工队伍职业化

员工职业化的培养，要靠文化牵引。职业化是一种精神、一种理念，只有这种理念被员工理解、接受，职业化的推动才有动力。职业化应该是从上到下，又从下到上，外化于行，内化于心，变成员工的自觉行为，并且渗透到员工的日常学习、工作当中去，才能逐渐产生影响，发挥功能。

企业的竞争，归根结底是人才的竞争。企业通过员工职业化队伍的建设，促进企业效益的提升和企业竞争力的提高，实现企业稳步经营、可持续发展。

实务训练

鸿源实业有限公司是一家从事纺织品生产与销售的公司。公司生产的毛毯、挂毯远销海外。但近几年出口业务下滑明显，公司希望通过"广交会"这个平台，宣传企业，结识客户，抢抓订单，增加成交量。为此，公司对今年的"广交会"非常重视，预订了最好的展位，布展了最新的产品，总经理亲自带队参加。为了展示公司员工职业化的形象，公司为参会的所有人员定制了统一的西服套装。

但是，参会的效果并不理想。首先，订单数量比去年减少，而且签单的多是公司的老客户，发展的新客户寥寥可数。其次，虽然参会员工穿上了统一的制服，整齐漂亮，为企业形象增色不少，但其他方面问题很多。比如在与客户交流时，尤其是面对新客户时，表现出经验不足，介绍产品时往往说不到"点"上，不能打动客户。还有展会的前两天员工热情很高，后两天因为疲倦加上订单不足，信心大减，出现工作懈怠现象，对客户也不像先前那样热情了。

回去以后，总经理对这次"广交会"之行进行了认真的反思，决定从两方面进行改进，第一，严把产品质量关，不断推出新产品；第二，进一步加强职业化队伍建设。

问题： 请根据上述场景，简要回答企业建设职业化队伍有哪些途径？

答题思路： 鸿源公司在员工职业化推进过程中陷入了误区，过于流于表面和形式，所以未达到预期的效果。员工职业化应从职业化素养、职业化能力和职业化行为等方面进行培养。

参考答案

企业建设职业化队伍的途径有以下几方面：

1. 加强入职前的选拔和教育。
2. 通过培训提升员工职业化素质和能力。
3. 制定明确的职业化行为规范。
4. 通过企业文化建设，促进员工队伍职业化。

思考与练习题

1. 什么是职业？职业的特征包括哪几方面？
2. 员工职业化包含哪几方面的含义？
3. 对职业化的认识存在哪些误区？
4. 传统职业生涯观点和无边界职业生涯观点的主要区别是什么？
5. 案例分析。

工艺美术师孟剑锋

孟剑锋是北京工美集团的一名錾刻工艺师，他用纯银精雕细琢錾刻的“和美”纯银丝巾，在去年北京 APEC 会议上，作为国礼之一赠送给外国领导人及夫人。

錾刻是我国一项有近3000年历史的传统工艺，它使用的工具叫錾子。工匠敲击錾子，就会在金、银、铜等金属上錾刻出千变万化的浮雕图案。

在一个80年代的老厂房里，孟剑锋和其他技工一起，熔炼、掐丝、整形、錾刻，敲击不同的錾子，就会在金属上留下不同的花纹，一件件精美的作品就这样在他们手里诞生了。

北京 APEC 会议上送给外国领导人和夫人的国礼中有一件看起来是草藤编织的果盘，里面有一条柔软的银色丝巾，丝巾上的图案清晰自然，赏心悦目。为了分别做出果盘的粗糙感和丝巾的光感，孟剑锋反复琢磨、试验，亲手制作了近30把錾子，最小的一把在放大镜下做了5天。

做好錾子仅仅完成了制作国礼的第一步，最难的是，在这个厚度只有0.6毫米的银片上，有无数条细密的经纬线相互交错，在光的折射下才形成了图案，而这需要进行上百万次的錾刻敲击。“一定是一次就錾到家，不能半途停，你停了再起錾子的时候就跟上一次尾部的那个錾子印不太一样。”孟剑锋说。

下手时要稳准狠，同时又要特别留神，不能錾透了。上百万次錾刻，只要有一次失误，就前功尽弃。“赏心悦目这东西，所以说得把它做到极致，如果说做得不好，那干脆就不用做工艺美术行业了。”孟剑锋认真地说。

追求极致，这是孟剑锋给自己提的标准。支撑果盘还需要4个中国结作为托儿，工艺标准并没有规定它们必须是手工加工。技师们准备用机械铸造出来，再焊接到果盘上，但是，铸造出来的银丝上有砂眼，尽管极其微小，孟剑锋心里却怎么也过不去这道坎。在他心目中，没有瑕疵，并且是纯手工，这才配得上做国礼。

倔强的他决定用银丝手工编织中国结，为此他的手上起了一层又一层大疱。“第二天（水疱）干了以后提溜起来用剪刀咔咔一铰，可能第二天又起一个疱。”孟剑锋对记者轻松地说。

从业20年来，他热爱工作，诚实劳动，刻苦钻研；在产品和工艺上精益求精，追求极致，对作品负责，对口碑负责，对自己的良心负责。这是大国工匠的立身之本，也是职业精神的体现。2015年“五一”期间，中央电视台系列纪录片《大国工匠》之《工艺美术师孟剑锋》专题播出了他的先进事迹。请结合上文及本章第二节“姚明的职业精神”一文，谈一谈职业化对职业生涯的影响。

第二章

职业化基本素养

学习目标

1. 学习并掌握职业道德的基本要求。
2. 培养职业化意识，了解职业化意识的主要内容。
3. 掌握职业化态度的主要内容。

学习重点

1. 爱岗敬业的内涵。
2. 积极态度的重要性。

学习难点

1. 职业纪律的含义。
2. 培养务实态度的方法。

学习引导

职业化素养包括职业道德、职业化意识和职业化态度三方面。职业道德是从业人员在职业活动中应该遵循的行为准则，是员工职业化素养的重要组成部分。加强职业道德建设，学习职业道德知识，有利于促进良好的社会风气，对员工的成长具有重要意义。作为职业人首先要具备职业化意识，培养职业化意识是提升职业化素养的基础。人与人之间只有很小的差异，这个差异就是态度。积极的态度帮助你正确地面对工作中的困难；自信的态度使你勇于接受挑战；务实的态度使你踏踏实实做事情，从细节入手，从小事做起；合作的态度帮助你融入团队，共担共享。态度决定行为，培养职业化态度有助于职场进步，事业成功。

第一节 职业道德

爱岗敬业的吴胜利

在每年一度的年终表彰大会上，员工最为期待的是“总经理特别奖”。不仅奖金丰厚，而且由总经理亲自颁奖，因此这个奖项在员工心目中代表着最高荣誉。去年的“总经理特别奖”就颁给了营销中心的“销售状元”。现在大家屏息以待，等待着奖项的颁出。当主持人念到“2016 年度总经理特别奖获得者——吴胜利”时，会场响起热烈的掌声。大家一致表示这个奖项实至名归。

吴师傅是位乐天派，整天乐呵呵的，没见他发过愁。司机的工作很辛苦，尤其是长途运输，又累又枯燥，但吴师傅始终保持着积极乐观的态度。十几年来，他一直把行车安全放在第一位。公司组织的安全培训从未缺席，每次都是准时参加，认真记录。他很细心地把行驶路线中的“危险点”画图标注出来，根据自己多年的经验提出预控的小建议，在月度会议上与伙伴们分享。由他画图标注的“行车安全地图”已经成为新司机的“宝贝”。

吴师傅对车的爱惜是出了名的，不论什么型号的车，到他手里都会成为最“耀眼”的那一辆。在部队时，吴师傅就掌握了汽车维修的本领，一般的“小毛病”难不倒他，其他的司机也纷纷向他请教维修和保养的窍门。

作为货车司机，送货无定时，加班加点是常有的事，他都能以平常心对待，十几年来没有一次因为私事而耽误出车送货。正是这种踏踏实实，爱岗敬业的工作态度，使他获得了荣誉，同时赢得了大家的尊敬。

一、爱岗敬业

（一）爱岗敬业的内涵

敬业是劳动人民的优良传统，是人类淳朴而伟大的美德。孔子曰：“君子有九思：视思明，听思聪，言思忠，事思敬，疑思问，忿思难，见得思义。”（《论语·季氏第十六篇》）其中“事思敬”就是说专心致志做所要做的事情。朱熹说：“敬者何？不怠慢、不放荡之谓也。”（《朱子语类》卷一一九）指在工作中敬重自己从事的工作，要聚精会神、全心全意。这种“不怠慢”“不放荡”的做事态度，正是敬业精神的体现。

敬业是社会主义核心价值观的重要内容。在《社会主义核心价值观基本内容释义》一书中，将敬业精神的内涵分为三方面，即热爱、勤勉和克制。敬业就是指专心致力于工作，热爱从事的工作，对工作抱有认真的态度，有崇高的职业信念，对自己所从事的职业充满自豪感。

敬业的前提要爱岗，热爱工作岗位，热爱所从事的工作。无论什么岗位，无论何种工作，不分高低贵贱，都是因为社会需要而产生的，被别人需要的工作，理应受到尊重。任何一件工作，都要做到认真不敷衍，专心不旁骛，勤奋不懈怠。敬业要具备干一行，爱一行，专一行的态度。如果连你自己都轻视你从事的工作，怎么能够赢得其他人的尊重，又怎样能够把工作做好呢？所以，敬业和爱岗是紧密相连，密不可分的，爱岗是敬业的基础，敬业是爱岗的具体表现。

总之，爱岗敬业是一种态度，是一种精神，一种境界。从根本上说，爱岗敬业是对职业的尊重，也是对自己的尊重。

（二）爱岗敬业是职业发展的根基

1. 爱岗敬业是立业之本

立业是建立或成就某种事业。敬业是立业的基础，敬业的人对其承担的工作，对职业发展有更高的要求，他们更愿意在工作中发挥自己的价值，增长才干，为社会做出贡献。

管延安就是一位爱岗敬业的好员工。管延安是中交一航局二公司港珠澳大桥岛隧工程Ⅴ工区航修队钳工，主要负责沉管二次舾装、管内电气管线、压载水系统等设备的拆装维护以及船机设备的维修保养等工作。

管延安18岁开始跟着师傅学习钳工，工作中他敬业、认真，业余时间便读书学习，经过二十几年的勤学苦练，掌握了錾、削、钻、铰、攻、套、铆、磨、矫正、弯形等各门钳工工艺，对设备维修也是得心应手。他先后参与了世界三大救生艇企业之一——青岛北海船厂、国内最大集装箱中转港——前湾港以及目前国内最大的基础设施建设项目，也是世界上综合难度最大的跨海通道工程——港珠澳大桥的建设。

在参加港珠澳大桥岛隧工程建设中，管延安所安装的设备中有一种叫截止阀，沉管对接时，它的作用是控制入水量，调节下沉速度，从而让两节隧道在深海中精准对接。同样是安装阀门，拧螺丝，如果是普通设备，只需要牢固稳定就行了，但在深海中操作，要做到设备不渗水，不漏水，安装接缝处的间隙必须小于1毫米。这样的间隙无法用肉眼判断，管延安凭着手上的感觉，就能判断1毫米的间隙。经管延安的手安装的设备已经成功对接16节海底隧道，操作零失误。

管延安工作的隧道内不透风，闷热潮湿，他每天要在这里工作近十个小时。他说：我认准的事，就要把它完完好好地干好，必须圆满地干好。

凭着对职业的尊重，对工作的这份执着，管延安成为港珠澳大桥岛隧工程首席钳工。他先后荣获港珠澳大桥岛隧工程“劳务之星”和“明星员工”称号，并因其精湛的操作技艺被誉为中国“深海钳工”第一人。2015年“五一”期间，中央电视台系列纪录片《大国工匠》之《深海钳工》专题播出了他的先进事迹。

所以，要立业先要敬业，敬业是成就事业的重要因素，是立业之基。爱岗敬业已经成为社会的共识。无论在什么单位工作，从事何种职业，在什么岗位，都需要兢兢业业、认真尽责地工作。对工作敷衍了事，不思进取的员工迟早会被社会淘汰。如果一个人对职业有敬畏之心，就会对这份职业投入全部的热情，把这份职业做到尽善尽美，把职业当成事业去追求，去努力。

2. 敬业更需精业

对待工作要敬业，更需精业。随着社会的发展，科学技术的进步，仅仅敬业是不够的，还需要有高水平的专业技能和不断进取的精神。如果说敬业是一种职业态度，要求我们对职业有敬畏之心，那么精业是指对所从事职业的专业能力，是对工作精益求精和力求完美的精神。

在这方面“捞纸大师”周东红为我们做出了榜样。

周东红是中国宣纸股份有限公司的高级技工，是一名普通的捞纸工。纸捞得如何，成品率和产品对路率是两个重要衡量指标。工作30年来，周东红始终保持着成品率100%、产品对路率97%的纪录，两项指标分别超国家标准8个百分点和5个百分点。他说：这30年来，我捞的每一刀纸误差都不超过一两，这就是我的手艺。

精业要求我们“干什么，学什么；学什么，专什么”，在工作中不断提升自己的专业水平；否则，只有敬业的愿望，没有专业的能力，也是空谈。

（三）爱岗敬业是现代企业发展的要求

随着科学技术的迅猛发展，技术进步给企业发展带来巨大的影响。在全球一体化、企业国际化、竞争激烈化的大背景下，人力资源的开发成为企业发展的重要组成部分。企业竞争，说到底是人才的竞争，而提升企业员工综合素质，强化爱岗敬业的观念成为企业发展的核心动力。

从企业经营的角度，员工的敬业度对企业的绩效有重大影响。戴维·麦克劳德在《敬业：从优秀到卓越的公司精神》中指出：你制定了雄心勃勃的企业发展战略，有了完美的企业经营模式，有了高效的组织结构，但是，这些你的竞争对手也有。如果你想赢，还要寻找别的东西。有了远大目标，你还需要企业成员具有敬业精神。因为敬业的员工总是竭尽全力做好他们的工作，所以员工的敬业度对企业的最终绩效有重大影响。敬业的员工为提高产品质量、为改善对顾客服务或为削减成本总是竭尽所能，力争把工作做得尽善尽美。他们带来新思想，给团队注入活力与承诺，把企业人才的流失率降到最低。如果你的企业成员都十分敬业，企业会发展得更快，更持久，更具生命力。

敬业的员工具有把工作完成好的愿望和驱动力。他们踏实认真地完成本职工作，并且在提高产品和服务质量、降低成本上投入精力。他们具有创新精神，以身作则，用敬业的工作态度鼓舞团队其他成员。他们更信任组织，为企业的发展竭尽全力。对企业来讲，敬业的员工可以提高企业的竞争力，是企业可持续发展的关键因素。

（四）爱岗敬业反映了社会的文明程度

2013年年底，盖洛普公司公布了其2011～2012年对全球雇员对工作投入程度的调查，结果显示，中国人的敬业比例只有6%，远低于13%的世界平均水平。

从以上调查结果可以看出，提升员工的综合素质，加强爱岗敬业的道德教育，已经迫在眉睫。

在社会分工体系下，每一个岗位都承担着一定的社会职能，在社会分工中扮演着一个公共角色。无论从事什么工作，只有满腔热情，尽情发挥自己的聪明才智，方可实现自我价值，同时为社会创造价值，获得社会的肯定。爱岗敬业反映出社会文明程度。社会的发展是以成员勤奋工作，创造价值为前提的。爱岗敬业是社会主义核心价值观，是社会对全体公民的基本要求。

二、尽职尽责

责任有两层含义，一是指分内应做的事，如岗位责任等；二是指没有做好自己的工作，应该承担的不利后果或强制性义务。从本质上说，责任是一种与生俱来的使命，它伴随着每一个生命的始终，是生命价值的体现。每个人因角色不同，担负的责任不同。作为公民有公民责任，作为个体有个人责任；作为职业人，要对工作负责任，对职业负责任。所谓在其位，谋其政，负其责。企业需要有知识、有能力的人，更需要有责任心，勇于承担责任的人。

（一）履行岗位责任

1. 了解岗位职责

忠于岗位，首先需要了解岗位职责。了解岗位职责是对岗位负责任的基础。岗位不同，职责不同，则要求不同。如果对岗位职责不清楚，工作起来就不得要领。

有一家咨询公司针对岗位职责做过一次员工调查，结果发现40%以上的员工不能清晰准确地说出他们的工作职责。管理学上有一种“抽屉式管理法”，也叫“职务分析”，即在每一位员工的抽屉里，都有一份明确的职位说明书，对每一个岗位，每一个人的职、责、权、利四个方面进行明确的规定。“抽屉式管理法”是一个非常有效的人力资源管理工具。入职的新员工，在进入岗位之初，首先需要学习和了解所在岗位的职责要求，尽快适应工作岗位。有经验的资深员工也应时时对照岗位要求，检查自己的工作是否存在疏漏。

明确岗位职责，对职责要求了然于胸，是开展工作的基础，也是尽职尽责的体现。

2. 认真履行岗位职责

了解岗位职责是第一步，而认真完成工作任务，履行工作职责才是关键。在这个世界上，没有不需要承担责任的工作。尽职尽责要求我们全身心投入工作中，尽最大的努力完成本职工作。

每人只错了一点点——巴西“环大西洋”号海轮消失的故事

当巴西远洋运输公司派出的救援船到达出事地点时，“环大西洋”号海轮已经消失，21 名船员全都不见了。海面上只有一个救生电台有节奏地发着求救信号。救援人员看着平静的大海发呆，谁也想不明白，在气象条件等状况极好的这片海面上，究竟发生了什么，导致了这艘最先进的船只的沉没？

这时有人发现电台下面绑着一个密封的瓶子，打开瓶子一看，里面有一张字条，有 21 种笔迹，上面这样写着：

一水理查德：3 月 21 日，我在奥克兰港私自买了一盏台灯，想给妻子写信时照明用。

二副瑟曼：我看见理查德拿着台灯回船，说了句“这个小台灯底座轻，轮船摇晃时别让它倒下来”，但没有干涉。

三副帕蒂：3 月 21 日下午，船离港，我发现救生筏释放器有问题，就将救生筏绑在了架子上。

二水戴维斯：离港检查时，发现水手区的闭门器损坏，用铁丝将门绑牢。

二管轮安特尔：我检查消防设施时，发现水手区的消防栓锈蚀，心想还有几天船就到码头了，到时候再换。

船长麦凯姆：启航时，工作繁忙，没有看甲板部和轮机部的安全检查报告。

机匠丹尼尔：3 月 23 日上午，理查德和苏勒的房间消防探头连续报警。我和瓦尔特进去后，未发现火苗，判定探头误报警，拆掉消防探头交给惠特曼，要求换新的。

机匠瓦尔特：我就是瓦尔特。

大管轮惠特曼：我说正忙着，等一会儿再给你们拿新的消防探头。

服务生斯科尼：3 月 23 日 13 点，到理查德的房间找他，他不在，坐了一会儿，随手开了他的台灯。

大副克姆普：3 月 23 日 13 点半，带苏勒和罗伯特进行安全巡视，没有进理查德和苏勒的房间，说了句：你们的房间自己进去看看。

一水苏勒：我笑了笑，也没有进房间，跟在克姆普后面。

一水罗伯特：我也没有进房间，跟在苏勒后面。

机电长科恩：3 月 23 日 14 点，我发现掉闸了，因为这是以前也出现过的现象，没多想就直接将闸合上，没有查明原因。

三管轮马辛：感到空气不好，先打电话到厨房，证明没有问题后，又让机舱打开通风阀。

大厨史诺：我接到马辛电话时，开玩笑说：我们这里能有什么问题？你还不来帮我们做饭？然后问乌苏拉：我们这里都安全吗？

二厨乌苏拉：我也感觉空气不好，但觉得我们这里很安全，就继续做饭。

机匠努波：我接到马辛电话后，打开了通风阀。

管事戴思蒙：14 点半，我召集所有不在岗位的人到厨房帮忙做饭，晚上会餐。

医生莫里斯：我没有巡诊。

电工荷尔因：晚上我值班时跑进了餐厅。

最后是船长麦凯姆写的话：19 点 30 分发现火灾时，一切都糟糕透了，我们没有办法控制火情，而且火越烧越大，火，火……

看完这张绝笔纸条，救援人员谁也没有说话，海面上死一样寂静，大家仿佛清晰地看到了整个事情的经过。

每个人都错了一点点，结果却是毁灭。21 条生命，就因为每个人少了一点点责任心，丢掉了性命。

资料来源：杨学敏：《每人只错了一点点》，中国纺织出版社，2005 年版（有删节）

飞机涡轮发动机的发明者——德国人帕布斯·海恩曾经提出过一个关于航空界飞行安全的法则：每一起严重事故的背后，都有 29 次轻微事故，300 起未遂先兆，以及 1000 起事故隐患。这一法则后来被业界称为“海恩法则”。“海恩法则”给我们两点启示：一是事故的发生是量的积累的结果；二是再好的技术，再完美的规章，在实际操作层面，也无法取代人自身的素质和责任心。在“环大西洋”号海轮消失的故事中，就因为每个人少了一点点责任心，而造成船毁人亡的惨剧。

著名投资专家约翰·坦普尔顿通过大量的观察研究，得出了一条很重要的原理，“多一盎司定律”。盎司是英美重量单位，一盎司相当于 1/16 磅，在这里以一盎司表示一点微不足道的重量。所谓“多一盎司定律”，意即只要比正常多付出一丁点就会获得超常的成果。坦普尔顿指出：取得中等成就的人与取得突出成就的人几乎做了同样多的工作，他们所做出的努力差别很小——只是“多一盎司”。但从其结果来看，却有着天壤之别。取得优异成就的人，这多出来的一盎司就是责任，就是对工作负责的态度。

有些人可能认为自己只是一名普通的员工，在平凡的岗位做着“不起眼”的工作，自己做的事情不会对企业产生大的影响，做好做坏无所谓。殊不知，企业是一个整体，每一位员工，即使岗位再普通，都是整体的一分子。企业的命运关乎着我们每个员工的命运，企业的发展要靠我们每个员工的贡献和努力。

每位员工从入职的那一刻起都应牢记岗位职责，只有认识到、了解到自己的责任，才能履行好自己的职责，发挥自己的能力，完成工作任务。只有清楚自己的职责，并承担起自己所在工作岗位的责任，才能化被动为主动，在每一项工作，每一个环节中完美地完成工作。

（二）敢于承担责任

每个人来到这个世界都承担着一定的责任。为人父母，养儿育女是责任；身为儿女，孝敬老人是责任；作为教师，教书育人是责任；身为医生，救死扶伤是责任；作为军人，保家卫国是责任；作为一名企业员工，制造高质量的产品，提供优质的服务就是我们每一个人的责任。

有没有责任心，敢不敢负责任，工作完成得如何，对你的职业成长非常重要。今天你对工作负责了，把工作圆满完成了，你才可能有机会做更重要的工作。试想，如果对领导交给你的工作马马虎虎，敷衍了事，完成不好，他还会交给你更重要的工作吗？一个人只有敢于承担责任，才有可能被赋予更大的责任。

2000 年 6 月，大专毕业的程芝见应聘到浙江华川实业集团有限公司电气部当了一名电工，他成了电气部唯一的大学生。

有文化，肯努力的程芝见很受领导器重，成为电气主任的热门人选，他变得有些飘飘然起来。2003 年夏天，集团的大型垃圾发电厂新建了配电室，安装公司检测后移交给公司，因主任有事请假，公司决定由程芝见负责，这也是他第一次负责这么重大的项目。

此时，他滋长了自满情绪，认为自己业务水平有了提升，可以独当一面，有时候不够用心。在配电室正式启用前，检查线路是电工的职责，程芝见却直接按下了启动键。瞬间，整个集团的设备全部停了，因为短路，两台价值数万元的配电柜烧坏，其中一台还起了火，所幸很快就被扑灭了。

事故发生后，程芝见没有逃避，而是积极地进行检测检修，一天以后，集团恢复供电。

这件事对程芝见的打击很大，也彻底改变了他对电工这个职业的看法，对电工有了更深刻的认识，多了一份对职业的敬畏之心。他意识到：即使再熟悉的电路，都不能马虎。电不会给自己第二次机会。

如今，程芝见已经走上管理岗位。作为电气部主任，他却坚持跑一线，对任何作业都非常认真。自此以后，再也没有出现过类似的事故。

2015 年，程芝见荣获全国五一劳动奖章。

资料来源：《钱江晚报》记者：龚望平，浙江在线，2016－05－04（有删改）

程芝见在工作失误后没有找借口逃避，而是勇敢地承担责任，尽全力弥补损失。正因为他勇于担责的态度，获得了领导和同事的信任，取得了今天的成绩。

一位哲人说：当我们竭尽全力，尽职尽责时，不管结果如何，我们都赢了。因为这个过程带给我们满足，使我们成为赢家。在实际工作中，由于岗位差异，责任有大有小，有轻有重，但无论责任大小，我们都要认真工作，尽职尽责，勇于承担。

三、勤俭节约

勤俭节约是勤劳而节俭的意思，包含两层含义，第一层是指工作勤劳、勤奋；第二层是指节俭、节约。勤俭节约是中华民族的优良传统，也是职业道德建设的内容之一。

（一）勤奋是职业进步的基础

勤指做事尽力，不偷懒；奋就是鼓足干劲；勤奋就是认真努力学习和工作。古往今来，凡成大事者无不是刻苦勤奋之人。

数学家陈景润日复一日地钻研、演算，草稿纸装了几麻袋，攻克了世界著名数学难题“哥德巴赫猜想”中的（1+2）。他研究哥德巴赫猜想和其他数论问题的成就，至今仍然在世界上遥遥领先。世界级的数学大师、美国学者阿·威尔曾这样称赞他：陈景润的每一项工作，都好像是在喜马拉雅山的山巅上行走。

小米科技的创始人雷军被称为IT界的劳模，在金山科技任职CEO期间，每天平均工作16个小时，而这种工作习惯坚持了十多年。直到现在，小米科技已经成为价值超过10亿美元的公司，他几乎依然是小米公司走得最晚的人。正所谓“天道酬勤”，天下没有免费的午餐。

“业精于勤，荒于嬉”，勤奋是事业成功的基础。勤奋就是主动承担工作，踏实肯干，做出成绩；勤奋就是面对困难不退缩，勇于接受挑战；勤奋就是善于思考，做到思想不懈怠；勤奋就是比别人付出更多，付出的时候越慷慨，得到的回报越丰厚。

职场进步最大的敌人是懒惰。懒惰使人变得碌碌无为，空虚、平庸、不思进取。懒惰表现为两方面：一是行动上的懒惰，遇事拖延，把今天的工作拖到明天，“明日复明日，明日何其多”时间就这样消耗掉了。二是思维上的懒惰，不主动思考问题，对周围事物漠不关心，缺少创新精神。懒惰是意志力薄弱的表现，会不知不觉侵蚀人的意志，使人变得毫无士气，萎靡不振，看不到希望。克服懒惰的方法就是立即行动。勤于思考，勇于实践。养成今日事今日毕的习惯，要求自己在规定时间内完成工作任务，改掉拖延的毛病，战胜懒惰的恶习。

勤奋是金。只有那些勤奋努力、充满热忱、富有思想和勇于挑战的人，才能将自己的事业驶入前进的快车道，取得职业进步和事业的成功。

（二）培养节约意识，增强成本意识

1. 正确认识节约的意义

2016 年 12 月，娃哈哈创始人宗庆后乘坐高铁二等座的照片爆红网络，网友纷纷点赞留言。宗庆后曾三次问鼎中国内地富豪榜首富，2016 年以 1120 亿元的财富位列第五名。但他戴的手表是 100 美元的石英表，穿的是夹克和布鞋，吃饭是公司食堂的工作餐——简简单单的三菜一汤。不仅是他，很多成功的企业家都极崇尚节俭。李嘉诚一套西服穿了 10 年；“台塑大王”王永庆每天做毛巾健身操，一条毛巾用了 27 年；希望集团总裁刘永好理发 5 元钱一次，上电视节目穿的是 100 元钱从地摊上买来的皮鞋。

“历览前贤国与家，成由勤俭败由奢。”历史的经验告诉我们：一个不提倡勤俭节约、艰苦奋斗的国家是难以繁荣昌盛的，同样，一个缺乏勤俭节约、艰苦奋斗精神的企业是难以持续经营和发展的。“世界船王”包玉刚曾说：在经营中，每节约一分钱，就会使利润增加一分，节约与利润是成正比的。许多企业家正是践行这一优良品格，才使得他们不断走向成功。

改革开放以来，经济增长，国家繁荣。由于物质丰富，有些人便养成了大手大脚、铺张浪费的习惯。认为节约是“小气”，是“吝啬”，这是对节约的误解。节约并不是一味地节省，节约不是不花钱，节约不是怕花钱。节约是把钱用在刀刃上，该花则花，该省则省。节约是对资源进行合理安排，使之发挥最大的功效。例如，企业为了提升产品品质，投入资金进行技术研发；员工为了提升工作技能，投入时间和金钱读书、学习。因为他们知道，这种投入是值得的。节约是一种美德，节约也是一种智慧。员工对节约要有正确的理解，并在工作中养成节约的习惯。

2. 增强成本意识

节约问题，在企业经营过程中突出表现在成本的节约上。随着市场竞争的激烈，企业已经进入微利阶段。成本控制成为企业面临的重要课题，成本控制得越好，利润越高。降低成本对利润率的贡献最大，而且是比较容易实现的方式。降低成本的能力是企业核心的竞争力之一。

什么是成本意识？成本意识就是员工对于自己的每一项行为都加以衡量——是否在做无用功，是否会浪费公司资源，有没有更简易、更节省的办法来完成，这些想法就是成本意识。

有些员工成本意识比较淡薄，认为成本控制是领导的责任，或者是财务部门的责任，与基层员工无关，这种观点是错误的。企业成本与每一个部门，每一位员工都息息相关。

还有些员工虽然认识到成本的重要性，但觉得“有心无力”，不知如何控制成本？那么，在公司，成本意识体现在哪里呢？哪些成本可以控制呢？怎样去节约成本和控制成本呢？其实很简单，成本意识就体现在我们日常的工作行为中，在我们的实际工作中成本无处不在。

看一看我们身边是不是存在下列现象：

离开时未及时关闭的电灯、因打印错误随手扔在垃圾筐中的纸张、“呼呼”大开的空调、“滴滴答答”流走的水费、没有任何价值的“电话粥”、随意扔在地上的螺丝钉、因不注意保养而损坏的工模具、产品返工造成的材料和工时的浪费、不合格产品回厂返修的损失、因生产流程安排不当造成员工“怠工”的时间……

凡此种种可能就在你身边发生着。节约成本和控制成本就要从这些“小事”入手。在工作中表现为以下三方面。

（1）减少浪费，降低费用成本

在日常工作中养成勤俭节约的好习惯。任何时间，任何地点，全员参与，全过程实施成本控制。检查每一道工序，每一个环节，节约每一度电，每一升水，每一张纸。在公司做任何一件事情，都衡量一下需要付出的成本，检查工作方式、方法是不是最节省的。

（2）减少失误，降低失误成本

在保证产品质量的情况下，尽可能降低不合格品的产生和材料损失，提高产品合格率。通过健全的生产管理制度和科学的工艺流程，降低材料损耗。争取做到：减少返工、减少报废、减少不良品。

（3）通过技术创新，降成本、增效益

技术创新是降低成本的重要途径。通过对工艺流程进行改进和完善，对岗位操作技能进行提升等，从而提升生产效率，降低成本。

另外，在工艺、生产、销售各方面的细节上进行优化，在原材料方面进行节省，减少不必要的浪费，以此来降低成本。

四、遵规守纪

（一）严守职业纪律

纪律是政党、机关、部队、团体、企业等为了维护集体利益并保证工作的正常进行而制定的要求每个成员遵守的规章、条文。职业纪律是指在特定的职业活动范围内，从事某种职业的人们所必须共同接受、共同遵守的行为规范。它要求劳动者在职业活动中遵守秩序、执行命令，履行自己的职责。职业纪律内容丰富，有广义和狭义之分。员工守则、劳动纪律、岗位纪律、保密纪律都在职业纪律范畴当中。执行职业纪律的目的是维护企业正常的生产、工作秩序，保证企业生产的有序进行，促进企业规范化、制度化管理，促使劳动者规范行使自己的劳动权利，提高职业化综合素养。职业纪律具有职业性和强制性的特征。

你看的是月饼我说的是纪律——阿里巴巴辞退抢月饼券员工事件引发热议

2016 年 9 月 12 日，阿里巴巴公司内部开展“中秋抢月饼”活动，4 名来自公司安全部门的员工因写脚本自动抢了 124 盒月饼，被公司先后辞退。

消息一出，瞬间在社会上引发议论声一片。一时间，有人为公司行为叫好，认为员工行为属严重欺骗，企业应坚持自己的价值观；有人批判，认为阿里巴巴小题大做，太过绝情；有人则冷静思考，用人单位应如何处理类似事件，才能在执行纪律的同时不触碰人情底线。

有律师认为，虽然月饼价值不大，但此事却关系到员工的诚信以及公司的纪律和价值观。“更何况，这 4 名工程师属安全部门员工，肩负着捍卫平台规则的职责，更不应该做出这种监守自盗之举。”该律师的观点和阿里巴巴的声明不谋而合。

虽然从法律角度观察，阿里巴巴此举应无问题，但事件一被报道，就遭到了不少人从情理角度的攻击。“阿里的做法有点过了，不能所有问题都上升到价值观问题。”知乎网上，一位阿里巴巴前员工表示。

有网友同样认为诚信原则不可动辄使用，制度落实应考虑人情，但仍然强调落实制度的重要性。“制度的生命在于执行，只要企业的规章制度合法合规，且经过了必要的程序，就完全可以成为约束劳动者行为或进行处罚的依据。况且，企业严格执行规定，既有利于保证企业的正常运行，也有利于全社会规则意识的提升。”

阿里巴巴集团市场公关委员会主席王帅说：“今天这个引起争议的决定，让我们再次提醒自己和每个员工，游戏都有规则，偶然总有必然。无可奈何是因为万事都有底线。”

资料来源：《中国劳动保障报》，2016－10－05（有删节）

1. 严守职业纪律是职业发展的基础

（1）严守职业纪律是员工的基本准则

阿里巴巴“中秋抢月饼”事件引起广泛的讨论，事情结果也引发了各方的争议。针对事件本身，阿里巴巴的负责人给出了答案：游戏都有规则，万事都有底线。身为企业员工，应该懂得，国有国法，家有家规；没有规矩，不成方圆。纪律是企业的“高压线”，没有“大小”，不分“高低”，任何人都触碰不得。严守职业纪律是企业员工最基本的准则。

（2）严守职业纪律是良好职业态度的表现

在部门的月度例会中，经理正在做月度工作总结报告。小吴斜靠在椅子上，不断转动着手中的碳素笔，一副心不在焉的样子。突然，转动的笔掉落在会议桌上，发出“砰”的响声。同事纷纷朝他望去，领导也停止了讲话，场面非常尴尬。小吴一副满不在乎的样子，从桌上捡起笔，再次转动起来。在公司里，大家都知道，小吴是个“不拘小节”的人，每月迟到次数最多的员工就是他。领导为此多次找他谈话，他却依然我行我素。小吴觉得“迟到”这种小事没必要小题大做。

遵守职业纪律反映出一个人对待工作的态度。每个公司都会对上班时间有明确的规定，即使是实行弹性工作制的企业，对工作要求也会有明确的界定。如果你不能严格遵守，总是迟到早退，反映出你对工作缺乏热情和责任心。不要认为上班迟到几分钟是“小事”，你极有可能因为这“几分钟”失去同事和领导对你的信任，继而影响职业发展。

（3）严守职业纪律是职业进步和发展的前提

一个严于律己的人，一定是对自己负责的人，对自己提出更高标准的人，他们往往具有更强的自律性和执行力。遵守纪律的人，对待工作更加严肃认真，更加有责任感，工作精益求精，而不是马马虎虎，敷衍了事。比起那些纪律松懈的员工，他们往往容易得到领导和同事的信任，常常被委以重任，在工作上取得更快的进步和发展。优秀的员工，都是严格执行职业纪律的模范。

2. 对纪律要有正确的态度

员工应认识到严格遵守职业纪律对职业发展的重要意义，在工作中要强化职业纪律观念，对企业的纪律抱着正确的态度。

（1）以严肃的态度看待企业纪律

一种观点认为职业纪律不重要，只要掌握技术就行了。“有技术才是真本事，有技术不愁找不到工作。”另一种观点认为纪律只是“小节”，平时犯点小错误无所谓。还有一种观点认为，纪律是一种束缚，扼杀了员工的创造性。这些观点都是肤浅和片面的，都是对纪律的重要性认识不够的表现。没有哪家企业欢迎不遵守纪律的员工，哪怕他是“天才”；也没有企业看到员工犯错误而坐视不管；纪律会束缚员工创造性的观点更是站不住脚。现代企业中创新、创造多以团队合作为基础，只有加强团队的纪律性，才能目标一致，形成合力；否则各行其是，各自为政，创新、创造的目的将很难实现。

（2）提倡人性化，但不能随意化

企业在制度的制定过程中要广泛征求和尊重员工的意见，员工也应积极参与到制度的制定中来。在制度执行过程中提倡平等沟通，员工微小的失误以批评教育为主，管理上要人性化。但是人性化并不等于自由化，人性化也不应成为一些人不遵守纪律的借口。职业纪律是为了维护企业的集体利益，是代表集体的行为准则，在纪律的制定过程中可以发表自己的看法，但纪律一旦制定出来，无论是谁，都应该严格执行。同时应学会客观地看待职业纪律。职业纪律永远都不是完美的。当企业发展变化，有些规章制度不适宜企业的发展要求，就要进行重新修订。对纪律的不合理之处不要私下抱怨、发牢骚，要通过正当的渠道提出自己的观点和意见，积极参与到企业管理中来。

（3）职业纪律重在落实

职业纪律不应挂在嘴上、贴在墙上，而应扎扎实实落实到工作中。遵守职业纪律贵在坚持。不能因为资历老或者职位高，就产生松懈的念头。只要人在职场，就要时刻遵守职业纪律。

（4）违反纪律要勇于承认

“金无足赤，人无完人”，在工作中难免犯错误。如果违反了纪律，要敢于承认，敢于担当，接受批评或处罚。同时要分析错误原因，避免同类错误再次发生。

3. 职业纪律关系着企业的生存和发展

联想、海尔、万科，这些成功企业有一个共同的特点，就是有章可循，管理有序，令行禁止，赏罚有度。对企业规章制度，对职业纪律常抓不懈，并严格落实。纪律懈怠，就会导致人心不稳，思想涣散，效率降低，给企业经营带来不利影响。

三株集团的起起落落，可谓发人深省。三株集团成立于 1994 年，当年销售额就达到 1.25 亿元，1995 年猛增到 33.5 亿元，1996 年飙增到 80.6 亿元。三株的队伍从 1994 年的几十人迅速扩张到 15 万人，分公司 600 多家，办事处 2000 多个。几年时间，三株迅速崛起，达到了发展的巅峰，创造了中国保健品行业史上的纪录。但是，1998 年发生的“常德事件”，使三株的销售一落千丈。从当年 4 月开始，月销售额从 7 亿元急速下滑至 1000 万元，三株口服液的多个工厂减产或停产，6000 名员工放假回家，16 万人的营销队伍当年就裁掉了 15 万人，企业从此进入了休眠期。

三株集团董事长吴炳新先生自述企业经营的 15 条失误，其中第十条是山头主义盛行，自由主义严重；第十一条是纪律不严明，对干部违纪的处罚较少。由此可见，纪律对企业发展的重要性。让“纪律”融入员工血液，坚持遵守职业纪律，不折不扣地执行职业纪律，才能保证企业的健康发展。

职业纪律关系着企业的生存与发展，决定着企业的成败。没有铁的纪律就没有持续发展的力量。只有纪律严明，才能上下一心，步调一致，高效执行，形成合力，完成企业目标。企业要实现可持续的发展，必然需要严格的纪律做保证。反之，纪律松懈，行为散漫，缺乏凝聚力和向心力，企业目标将很难实现。

（二）保守企业秘密

一个月内公司两名研发人员接连被同行“挖角”，人力资源部经理很是心焦。这时负责招聘的小周意识到，可能自己“闯祸了”。原来几个月前参加市里组织的招聘会，午餐闲聊时小周无意透露了研发部门关键岗位的大概薪酬，而“挖角”企业的招聘人员恰巧就在现场。小周万万没想到，无意间说出的几句话却给企业造成这么大的损失。商场如战场，薪酬也属于“商业机密”之一，尤其是企业关键岗位的薪酬，稍有不慎，泄露机密，难免会让猎头公司或同业企业趁机加价挖走，加剧不正当竞争。

企业秘密，是企业重要的无形资产，是在企业经营过程中逐渐积累起来的，关系着企业的生存与利益。保守企业秘密，是员工的基本行为准则之一。

保守企业秘密需把握以下几点：

1. 遵守保密纪律

员工平日要勤学保密知识，掌握保密原则和保密事项，分清哪些事项属于保密范畴。在工作中遵守保密纪律，强化保密观念。

2. 防止“祸从口出”

有些秘密往往是不经意间泄露的，就像案例中的小周，不经意的几句话，给企业造成了损失。这就要求在工作中，不该说的不说，不该问的不问，严守秘密；在生活中，即便是亲朋好友聚会闲谈，也尽量少议论涉及企业的事情。有时说者无心，听者有意，不经意的谈话可能就涉及企业的秘密事项，所以，少说为妙。

3. 防止网络泄密

在当今时代，网络已经成为信息交流的主要渠道，据媒体报道，80%以上的泄密事件是由网络泄密造成的。这就要求公司涉密人员要加强涉密文件和设备的使用管理，确保凡是涉密的就不要触网，如涉密电脑不要上网，涉密介质不要触网，上网电脑不要处理涉密信息，以及信息发布严格把关。一般工作人员在使用工作QQ、微信、微博时也要引起高度重视，不要涉及企业秘密事项。

当然，如果为了个人的私利，故意泄露企业秘密，就不是职业道德问题了，而要受到法律的制裁。

（三）遵守法律法规

张涛是辰阳商贸公司的业务主管。从2011年5月至2013年2月，在一年多的时间里，他利用职务上的便利和公司财务管理的漏洞，多次挪用公司货款用于个人消费，金额累计高达30余万元。事情败露后，他因恐惧逃回老家，四处躲藏。公司一纸诉状将其告上法庭。庭审期间，他追悔莫及，他说：第一次挪用货款是为了给女朋友买礼物，几天后发了工资和奖金悄悄把亏空补上，谁也没有察觉，觉得不会有问题。尝到“甜头”后，他胆子越来越大，挪用的金额越来越多，最终不能自拔……

张涛的教训告诉我们，作为一名员工，首先要具备法律意识，不能做出任何违反法律法规的事情，不要存有侥幸心理，不能做出违背职业纪律和法律法规的行为；其次要学习法律知识，了解一般的法律常识，做到学法、懂法、守法、用法。另外，还要根据所处行业和岗位学习一些专门的法律知识，例如，房地产行业的员工要学习《物权法》，食品行业的员工要懂得《食品卫生法》，财会人员学习《会计法》，销售人员要学习《合同法》等。只有懂法，才能守法和用法。

总之，作为社会的一分子，要自觉遵守国家的法律法规，用法律来规范自己的行为，不做法律禁止的事情，以遵纪守法为荣，以违法乱纪为耻，加强职业纪律修养，争当遵纪守法的模范，做一名合格员工。

第二节 职业化意识

未进入“角色”的王霞

“店里的人孤立我。”

“公司给我安排了师傅，可她很忙啊！根本顾不上我。”

“我要求换一家店。”

公司空荡荡的会议室里，人力资源部的王经理静静地听着王霞的“哭诉”。

王霞就职的公司是一家集设计、生产、销售于一体的服装企业。毕业后，作为“后备干部”的一员进入公司实习。实习三个月后，公司综合评估每位“后备干部”的专长和能力进行岗位再分配。她现在实习的岗位是专卖店的销售员。

送走王霞，王经理随后来到她实习的店铺，向王霞的“师傅”了解情况。公司实行“师徒制”，每位员工进入公司三个月内会安排一位经验丰富的员工“传帮带”。

王霞的“师傅”是公司上季度的“销售状元”，是位个性爽快的姑娘。听王经理说明来意，她直言不讳地说：“我其实挺喜欢王霞的。聪明，学东西快，面料知识很快就掌握了。嘴巴也巧，销售不怵。唉，就是吧，像个孩子，不能‘说’。说浅了，她跟你撒娇；说深了，就抹眼泪。高兴了，对谁都热情；不高兴了，别说是店里的同事，就是顾客来了，也是板着脸。前几天，两位女孩进店选购，挑了几件衣服试穿，试衣时间长了点，王霞就烦了，耷拉着脸，还嘟嘟囔囔的。结果惹得顾客很不高兴，丢下衣服就走了。”她笑了笑，接着说：“说孤立她，真是冤枉大伙了，都这么忙，谁会总是哄着她呀。不过，我会和王霞好好谈谈的。”

这时店长走过来对王经理说：“王霞的情况我多少了解一些。我们沟通过几次，她主要是未进入工作‘角色’，缺乏职业化意识，对待工作不够严肃。我提一个建议，公司历来很重视员工职业化的培养，建议除了安排业务知识和销售技巧的培训以外，能否增加一些和职业化相关的课程，让员工明白从哪些方面进行改善。”

听了店长的建议，王经理频频点头，对店长提出的观点很是赞同。

一、角色意识

大多数人都会经历从“自然人”到“职业人”的转变，这种转变是人的一生中具有特殊意义的、非常重要的一次转变。它标志着一个人经济上自立的开始，同时个人技能、才华通过这次转变得以施展。经济上的自立给人带来自尊，而技能的发挥、才能的施展可以激发人的自信心。这种转变会经历从心理转变到行为转变的过程。当心理上接受和认可“职业人”角色后，行为上才会按照职业人的标准要求自己。所以，首先从心理上接受自己是“职业人”非常重要。

一位小学教师曾说：回到家，我是妻子，是孩子的妈妈；一进入学校，踏上讲台，我就是教师，就要对我的学生们负责。同样，我们无论从事哪种职业，无论是总统还是卡车司机，一旦进入工作岗位，就是“职业人”。当我们每天来到公司，换上整洁的工作服，佩戴上工作牌，站在自己的岗位上，我们就是公司的形象大使，我们的一言一行都代表着公司，我们要按照“职业人”的标准要求自己。遵守公司规则，执行工作标准，维护公司利益。

案例中的王霞显然还没有很好地完成从“自然人”到“职业人”的转变。师傅批评时，要么“撒娇”，要么“掉泪”。对待顾客也是“看心情”，心情好时，热情接待；心情不好，就“板着脸”。这些都是不够职业化的表现。

职场新人要尽快调整自己，快速融入职场中，适应“职场”的新角色；职场“老兵”也应该时时提醒自己，遵守职场规则，完成好本职工作。

二、竞争意识

竞争是指力求压倒或战胜对方的心理状态。竞争意识是一种对外界活动所做出的积极的、不甘落后的心理反应。现代社会是一个充满竞争的社会，缺乏竞争意识，不论是团体还是个人，都很难有发展，有进步。

竞争可以唤起人们的进取心，竞争可以调动、发挥人们的最大潜能。表现在工作方面就是力争上游，有强烈的进取心和必胜的意志，在困难和挫折面前不灰心，不退缩，不放弃，在工作过程中越来越出色，直至取得成功。竞争可以帮助克服胆怯和自卑心理，增强自信心。在竞争中表现出来的不服输的精神，会激励自己，对自己做出肯定的、正向的评价，会激发自己进一步奋发向上。

小周入职满三年了，在集团公司从事销售助理工作。当她在集团网站看到“电子商务部”在内部招聘“电子商务推广专员”时，觉得是个不错的机会，想去试一试。一方面集团“电子商务部”这几年发展迅速，很受公司的重视；另一方面自己也有转职的打算，想趁着年轻多接触，多学习。

小周开始准备简历，业余时间读一些与“电子商务”相关的书籍。

有一天她查看网站，看到应聘这个岗位的人数已达到26人时，一下子泄了气。开始“嘀咕”起来：

“我的专业不对口，和人家没法比呀！”

“虽然工作了三年，但现在的工作离‘电子商务’很远，等于没有相关工作经验，会被录取吗？”

“如果应聘不上，部门经理会怎么看呢？会不会认为我不安心本职工作，好高骛远呢？”

“如果失败了，部门同事会不会私底下笑话我……”

思来想去的小周，最终没有把简历投递出去。

小周因为缺乏竞争意识，害怕失败失去了机会……

竞争意识体现在以下三个方面：

首先，要敢于竞争。害怕失败不敢参与竞争，或遇到失败就垂头丧气，永远也不会取得成功。竞争要具备承受挫折和失败的勇气。如何面对失败和挫折，是对人意志品质的考验。永不服输的竞争者，不会惧怕失败，他们懂得从失败中吸取教训，总结经验，继续出发。不要像小周一样，因为害怕失败而丧失了机会。

其次，有竞争也要有协作。竞争应以合作为前提。竞争是手段而不是目的，竞争者之间既是对手关系又是合作关系。协作不仅可以提高个人生产力，并且是“创造一种生产力”，产生“1 + 1 > 2”的效果。现代竞争追求的不再是“你死我活”，不是你赢或我赢，而是争取“双赢”或“多赢”。

最后，要尊重对手，尊重规则。竞争首先恪守职业道德，要光明正大地参与竞争，而不应是暗中使手腕、耍阴谋，要以实力超越对手，凭真本领赢得尊重。竞争者既要有敢于竞争的勇气，更需具备宽广的胸怀。要大力提倡和鼓励良性竞争，杜绝竞争中的不良风气。

三、服务意识

“为集体（或别人的）利益或为某种事业而工作”，这是《现代汉语词典》对“服务”一词的解释。在日常工作和生活中，我们享受别人提供的服务，同时我们也在服务他人。例如：我们去服装店买衣服，有导购员提供服务；去饭店用餐，有服务员提供服务；去银行办理业务，有柜员提供服务。

服务是为“他人”的，服务就是多为“他人”着想，为“他人”提供便利。服务意识就是发自内心、自动自发地为他人提供服务。

海底捞的服务

什么样的服务是最好的服务？那就是不仅让顾客满意，还能给顾客带来惊喜和感动的服务。对于很多企业来说，能做到让顾客满意已经算是不错的了。但是在海底捞，他们并没有停留在这个阶段。对于他们来说，让顾客放心是三级服务，让顾客满意是二级服务，让顾客感动才是一级服务。

可以说，“让顾客感动”已经成为海底捞具有个性化的服务特色之一。

当市场竞争日趋激烈，众多的产品质量与品种达到极度同质化的时候，还有什么能够造成企业之间的差异化？还有什么能够区分出企业与企业之间的不同？唯有服务！

网友们对海底捞服务方面的总结有很多，比如，如果你点的菜太多，服务员会善意地提醒你已经够吃了；随行人数较少，他们会建议你点半份；服务员手脚麻利，有问必答；假如你是在包间用餐，会有一名固定的服务生为你服务；遇到某位顾客说特别喜欢店内的某种免费食物，服务员二话不说就给他单独打包一份让他带走……这些服务，不仅让海底捞的顾客满意，更给他们带来了一份惊喜和感动。因为这是在其他餐饮店里享受不到的。

在竞争如此激烈的餐饮市场中，众口难调，本身能给顾客一种满意体验，让顾客持续光顾已经是件很难的事情了，但是海底捞不仅做到了，而且做得更多。上面所述的服务已经超越了顾客对餐饮业的饮食需求和服务的基本期望，是一种超出客户期望且满足客户潜在需求的服务，这种服务是差异化的“客户感动”。这已经不是简单的服务的概念了，而是代表了一种更高的服务境界和水平。

打造最完美的服务已经成为海底捞的一种企业文化，让服务成为自己与同行的最大差异更成为海底捞的最有力的市场竞争战略。海底捞，正在凭借这一点成为同行企业的领头羊，蒸蒸日上。

资料来源：易钟：《海底捞的秘密》，广东经济出版社，2011 年版（有删节）

服务分为外部服务和内部服务。外部服务就是企业员工为购买本企业产品的客户提供的服务；内部服务是指企业内部生产经营链条之间的服务。

首先说外部服务。一位企业总经理说：我们公司不缺好的产品，不缺先进的技术，我们缺乏的是好的服务，优质的服务，让客户满意的服务。他的这句话道出了很多老板的心声。

无疑，“海底捞”已经成为服务的标杆。上文案例中“海底捞”的经验说明：21 世纪，最大的竞争是什么，有人说是人才的竞争，有人说是产品的竞争，有人说是知识的竞争，但是海底捞人告诉你，服务才是 21 世纪的最大竞争力。因为唯有服务才能制造出最大的差异化！服务不仅铸就了“海底捞”的品牌，同时给企业带来丰厚的利润。

内部服务是指企业内部员工之间、班组之间、部门之间相互支持和共享。提倡“我为人人服务，人人为我服务”，树立“下道工序就是客户”的服务意识，每个工序，每个班组，每个部门都为下一道工序，下一个班组和关联部门提供满意服务。

小刘师傅是一家电气设备公司的操作工，工友们交口称赞小刘师傅干活“地道”。大家说的“地道”不仅是指他技术过硬，还包括每次工作完毕，小刘师傅都将工作台清理干净，需要使用的工模具摆放整齐，检查设备是否运转正常，认真规范地填写交接记录，便于下一个班组查阅。小刘师傅的做法就是良好服务意识的体现，事事多为别人提供方便，自然赢得了良好的口碑。

内部客户服务和外部客户服务又可以相互促进，内部客户满意了，内部客户转而把外部客户服务得更好。

四、自律意识

自律就是自己约束自己，是指一个人自我克制，自我约束，自我改善的能力。自律意识贯穿于我们的工作、生活的方方面面。自律是一种行为上的约束，自律需要具备顽强的意志力和坚持不懈的执着精神。

车间主任正准备开早会，布置当天的生产任务，宣讲安全要求，这时小李急匆匆跑进来，工作服的扣子还没扣好，头发蓬乱，睡眼惺忪，一副萎靡不振的样子。

小李是典型的“起床综合征”，每天早晨为贪恋几分钟的“热被窝”，搞得自己手忙脚乱。他自己意识到不妥，决定改变晚睡的习惯，早睡早起，可坚持超不过三天就又回到老样子。

小李就属于自律性比较差的人。我们在生活和工作中常常出现缺乏自律的情形，如总是嚷嚷着减肥却管不住嘴的小丽；已经戒烟 100 次的小王；现场操作完成后，经手的工具未归纳整理好的电工师傅；散会以后，未将椅子正确归位的同事；等等。

自律并不是让规章制度来层层地束缚自己，而是用自律的行为让工作和生活保持良好秩序。“自律者自由”，自律才能争取更大的自由。

自律意识的培养应着眼于以下三点。

（一）懂得自爱

1. 守纪律，讲规矩

自觉遵守规章制度，道德规范，严格约束自己一言一行。上班时间认真完成工作，不偷懒、不拖延、不投机取巧。

2. 表里如一

一般情况下，在领导和同事面前，都能够注意自己的言行举止，在行为上自我克制和约束。如果做了错事，领导和同事也能及时发现，给予批评、纠正和引导。所以，在有人监督的情况下，遵纪守法，相对来说比较容易。但在“无人监督之处”，失去外力约束的情况下，却容易放松对自己的要求。所以，要时刻以高标准严格要求自己，人前人后一样，领导不在的情况下，仍能自我约束，自觉地遵守纪律，按照工作的规范、准则和要求去做。

3. 珍惜名誉

珍爱自己的名誉，懂得自尊、自爱，从仪容仪表、行为举止和语言表达等方面塑造健康、积极向上的职场形象。

（二）勤于自省

自省从词义上讲是自行省察，自我反省的意思。自省是一种态度，勤于自省的人会不断总结自己的过去，勇于承认自己的缺点和不足，并通过自省的方式不断完善自己。自省不是自责，不是自我批判。自省是从积极的层面引导自己，提高自己的品德和修养，改正缺点，不断进步。

（三）善于自控

1. 从小事做起

增强自律意识先从小事做起。比如按时完成工作；工作完毕归纳整理常用的工模具；操作台保持整洁有序等。在小事上要求自己，坚持下来，就会慢慢养成良好的工作习惯。

2. 坚持不懈

自律意识就是严格要求自己，并且坚持不懈。人都是有惰性的，一旦惰性占了上风，意志就会减弱，制定的目标就难以实现。增强自律意识就需要战胜自己的惰性，工作向高标准看齐，不懒惰，不懈怠，不拖拉。通过严格的自我管理，并长期坚持下去，就会成为一个自律意识强的人。

五、质量意识

（一）质量发展是强国之基

我国质量整体水平的提高长期滞后于经济规模的增长，自主创新的能力不强。2011 年，全国质检工作会议首次明确提出“质量强国”的战略。实施“质量强国”战略，是由制造大国向制造强国转变的必然选择。2016 年 3 月召开的中国质量奖颁奖大会，进一步提出质量发展是强国之基、立业之本和转型之要，让追求卓越、崇尚质量成为全社会、全民族的价值导向和时代精神。大力弘扬质量文化，倡导精益求精的工匠精神，营造人人重视质量、人人创造质量、人人享受质量的浓厚氛围。实施“质量强国”战略是国家强大的必由之路。

（二）确保质量是员工的职责

德国菲仕乐公司始创于 1845 年，是世界著名锅具及厨具制造厂商之一。因品质卓越赢得了众多消费者的喜爱。

有这样一个故事：曾有人问德国的菲仕乐锅具负责人：听说菲仕乐品牌的锅可以使用 100 年，卖出一口锅，也就失去了一位顾客。因为没多少人能活 100 年。你看其他企业制造的锅，使用 10 年 20 年就足够了，这样一来，顾客就得经常来买。你们完全可以把产品的使用期搞短一点，不是可以赚更多钱吗？

听上去此话很有道理，“菲仕乐”似乎有点“笨”。的确有些企业对产品预设了一定的使用期限，以此来吸引回头客，扩大产品销量。

但这位菲仕乐锅具负责人却回答说：正因为所有买了我们锅的人都不用再买第二次，所以产品质量才有口碑，才会吸引更多人来买。

德国制造已经成了质量的保证。一个只有 8000 万人口的国家，有 2300 多个世界名牌，他们是怎么做到的？西门子公司总裁维尔纳 · 冯 · 西门子回答了这个问题：这靠的是德国人的工作态度，对每个生产技术细节的重视。我们承担着要生产一流产品的义务。

制约产品质量提高的关键因素往往不是技术，不是设备，而是落后的质量观念。即使有优质的材料，先进的设备和严密的作业标准，如果制造者缺乏质量意识，也难以生产出高质量的产品。用心做出高质量的产品是每一位员工的责任，也体现出职业尊严。

（三）确保产品质量的关键点

牢记质量是企业的生命线。只有高质量的产品才具备竞争力，才能在竞争激烈的市场中占有一席之地。有了好产品，企业才能更好地发展，否则迟早会被淘汰。

牢记质量是每一位员工的责任，每一个岗位，每一道工序，每一个环节都要严格把关，操作时始终绷紧“质量”这根弦。在工作中多学习质量知识，掌握质量标准和要求。

胡双钱是上海飞机制造有限公司的一名钳工，是“全国五一劳动奖章”“全国劳动模范”获得者。他经手的零件从未出现质量差错，连续十二年被公司评为“质量信得过岗位”，并授予产品免检荣誉证书。在36年的时间里，产品100%合格，无一例返单，靠的是对质量不懈的追求。“划线”是钳工作业最基础的步骤，稍有不慎就会导致“差之毫厘、谬以千里”的结果。为此，胡双钱发明了“对比复查法”：他从最简单的涂淡金水开始，把它当成是零件的初次划线，根据图纸零件形状涂在零件上，“好比在一张纸上先用毛笔写一个字，然后用钢笔再在这张纸上同一个地方写同样一个字，这样就可以增加一次复查的机会，减少事故的发生”。胡双钱说。“反向验证法”则是令胡双钱最为珍视的“秘诀”。这也与最基础的划线有关：钳工在划线零件角度时，通常采用万能角度尺划线，那么如何验证划线是否正确？如果采用同样的方法复查，很难找出差错。这时，胡双钱就会再用三角函数算出划线长度进行验证。结果一致，继续进行下面的操作；结果如不相符，就说明有问题了，便停工检查。这样做，无异于在这一基础环节上做了双倍的工作量，却为保证加工的准确和质量，减少报废等打下基础。

胡双钱在工作中养成了一种习惯，那就是工作前先看懂图纸，了解工艺要求和技术规范。在接收零件时，先按照图纸检查上道工序是否存在不当之处，再动手加工零件。不管是多么简单的加工，他都会在干活前认真核校图纸。操作时小心谨慎，加工完多次检查，每做完一步，他都会定睛看几秒再进入下道工序，“再忙也不缺这几秒，质量最重要!”“慢一点、稳一点，精一点、准一点。”是他对自己的要求。胡双钱常常告诫年轻员工，在工作中要严格按照零件“标准加工方法”加工零件，不多步骤、不漏程序，带着责任和思考做工作。

六、创新意识

新常态下的中国经济表现为产业结构优化，经济动力转向以创新、科技为驱动力。

创新成为经济可持续发展的最可靠的途径和动力，而企业创新成为推动创新的重要引擎。创新对企业的重要性不言而喻，尤其是产品、技术和服务上的创新。没有创新，企业就没有活力，更谈不上核心竞争力。

一个世纪前，汽车大王亨利·福特曾说：雇用工人只需要一双手就够了，不需要他的脑袋。

显然他的观点是片面的。在一个世纪后的今天，员工不仅要有一双“拧螺丝”的手，更要有创新的头脑。

在企业中，基层员工自主创新的意识比较淡薄，创新意愿不足，主要是在认识上和心态上存在误区。

误区一：认为创新是领导或专业技术人员的事情，自己只是一名普通员工，完成本职工作就行了，创新与自己无关。抱着“创新不创新，照样拿薪金”的消极心态。实际上，创新不仅仅是企业领导和专业技术人员的责任，也是每一位员工的责任。在新经济下，再靠传统的工作方法，没有创新意识，不具备创新能力，就无法高质量、高效率地开展工作。

误区二：在基层员工看来，认为创新是一件“高大上”的事情，很“神秘”，只有高精尖的技术人员、研究人员才能做到。认为创新离自己的工作很远，与一线员工没什么关系。自己不具备搞创新的条件，所以不愿开动脑筋搞创新。

那么，到底什么是创新呢？创新是抛开旧的，创造新的。新技术、新材料、新的发明创造是创新，科技攻关是创新，这些“创新”离基层员工的工作确实很远，需要具备一定的管理、技术高度才能接触这类问题，而且也不容易由基层展开。但还有一种创新，就是工作程序、工作方法的改善，我们平日常常提起的“小技小改”也是创新。一线员工对工作流程、工作方法最了解、体会最深，最有发言权，最能找到可以改善的地方，而且这方面的创新对企业的实际意义更为直接有效，立竿见影。在这些方面的创新，基层员工应该最有话语权，是创新的主力军。

创新并不“神秘”，创新是从身边的具体工作开始，立足本职工作谈创新，结合实际岗位谈创新，才能找到更科学的工作方法，提高工作效率。

误区三：“怕”字当头。一怕麻烦，在一个岗位上工作久了，形成了固定的模式，自己干起来轻车熟路，习惯了“老”方法，因循守旧，安于现状，“当一天和尚撞一天钟”，心理上产生惰性，懒得下功夫思考和探索解决问题的新办法。二怕吃苦，创新并不是件容易的事情，难免会遇到困难与挫折，需要反复实践，多次验证，长期坚持，有些人因为怕吃苦受累便不去搞创新。三怕失败。创新需要标新立异，敢于对“旧”的方式方法提出质疑，创新还可能失败，因而患得患失。怕遭讥讽和非议，或者担心创新不成反闹出乱子，给领导留下不好的印象，影响自己的前途而不去创新。

因此，为打消员工顾虑，企业要给员工创造“创新”的环境，比如创建“职工创新工作室”等，激发员工的创新热情。员工也要具备创新的激情，认识到创新才是企业发展的根本，作为企业的一分子，理应承担创新的责任，增强创新意识和创新责任感。

创新工作室　职工当主角

2015 年 7 月，厦门古龙食品有限公司以一线技术岗位的优秀职工为主体，成立了由高级技师史远良领衔的职工技术创新工作室。创新工作室的成立，为基层员工技改、创新搭建了平台，让职工成为创新的主人翁。创新工作室共有工作成员 8 人。他们分别在电气自动化罐头封口技术、焊接技术及技术改造等方面各有所长。阮天龙是技术创新工作室的成员之一，他认为：攻关不是科技人员专属，一线职工的创新力量不容小觑。在工作室创新攻关中，大家集思广益，没有职务高低、年龄大小之分，只要有点子、有想法，都有发言权。平日不擅言谈的阮天龙只要走进工作室就变得兴奋起来，他说：“我真的很喜欢待在工作室里研究技术攻关项目，因为把问题解决掉的感觉很爽!”

创新工作室成立时间虽然不长，但目前已拥有切鱼头机、浸泡鱼机、橄榄菜玻璃瓶自动定位装置、彩印罐反向检测装置、橄榄去核机五项实用新型专利，并实现成果转化，不仅减少工序，减轻劳动强度，而且降低原料消耗和用工成本，为提高生产自动化水平、提升产品质量做出突出贡献。

资料来源：《福建日报》，2016－02－23

基层员工创新应从三方面入手。

（一）培养创新意识

具备创新意识是工作创新的前提。不具备创新意识的员工，每天只是被动地接受任务，工作中遇到问题熟视无睹，或是将问题推给上级，或者遇到问题“绕着走”。总是想“以前是怎么做的”，而不是考虑“怎么做更好”。其实，工作中的问题或者工作程序中不顺畅的地方正是需要创新的“节点”，具备创新意识的人往往能够抓住这些“节点”，继而进行验证开发，解决问题。

（二）做工作上的“有心人”

在工作当中，或多或少都存在问题。要善于发现问题，只有发现问题，才能解决问题。有些问题可能因平日工作的忙碌而被忽略，或者被掩盖。要做工作上的“有心人”，有一双善于发现的眼睛。认真思考，勤于探索，创新就在眼前、手边。

有创新意识，更需具备创新能力。要掌握最基本的方法。平日里加强学习，提升自己的职业技能，在工作中遇到问题，多问几个“为什么？”结合自己的工作岗位，找到更科学的方式。

（三）要勇于付诸实践

把创新意识转化为创新实践。创新意识和思维还停留在认识层面，如果没有实践，再好的想法也只是空中楼阁。找到问题固然重要，解决问题更重要。在工作中，能够找到问题或指出工作存在弊端的人不少，但真正付诸实践去解决问题的人不多。解决问题需要更大的勇气，强烈的责任感，真正的创新是通过解决问题，提升工作效率，继而为公司创造更大的收益。

第三节　职业化态度

积极乐观的王大姐

雪后的路面很滑，早晨雾又大，本来一个多小时的车程用了将近三小时才到公司，这让李师傅颇为气恼。李师傅在货运公司工作了十多年，是一名经验丰富的老司机了。他熟练地将车停在库房门口，走进物流部办理出库手续。

“李师傅，您来啦！”

李师傅刚走进物流部的办公室，出库员王英就笑着过来打招呼。

“路不好走吧。今儿雾可不小。您先在这暖和暖和，我立马安排给您装货，不耽误您回程。”

“谢谢你，王姐。多亏了你昨晚发微信通知路况信息。雾大，高速路没开，提前一个小时出发是对的。”李师傅感激地说。

王英是物流部的老员工了。她为人热情，性格爽朗，乐于助人，大伙都称呼她“王姐”。王英对待工作非常认真，对库房货物的品类和数量一清二楚，每一件出库的货物她都会认真检查包装是否完好，货物品类和数量与出库单是否相符，从未出现过错装、漏装的现象。司机们都说：王姐出库，我们最省心了。

离公司比较近的经销商，一般会自己开车到公司取货，距离比较远的和当地的物流公司签约送货。无论是谁来取货，王姐都热情相待。装卸工是公司雇佣的临时人员，常常不固定，每次装车前王姐都会不厌其烦地讲解搬运操作规范，避免意外发生。以前遇到雨雪天气，王姐发短信通知司机注意行车安全，现在建立了微信群，她每天发布气象信息，提醒司机注意。

正是因为王姐对工作的认真和热情，得到了经销商的赞誉，给公司赢得了良好的口碑。

一、积极的态度

（一）积极态度的作用

积极态度是指对自己、对他人、对事物的积极、正向的心理倾向，是一种良性的心理状态。积极态度与消极态度是相对而言的。积极态度通常表现为乐观、自信、活力、健康、希望等，面对困难和挫折，从正向的角度去想。而消极态度则让人深陷自卑、萎靡、悲观的困境。一个人能否成功，关键在于他的态度。成功者与失败者的差别在于：成功者始终用积极、乐观的态度对待自己的人生，失败者则恰恰相反。要想拥有充实、快乐的生活，在工作上取得进步，就需要拥有积极向上的态度。

1. 积极态度带来自信

2008 年全球金融危机，联想集团出现巨亏，股价暴跌，外界评论说联想集团已经“到了悬崖边上”。此时已经卸任的联想总裁柳传志重新披挂上阵，面对人们的疑虑，他坦然地说：我和团队有信心通过三年的努力让联想走出困境。

大凡成功人士，无论做什么工作，无论面对多大的压力和困难，总是选择迎难而上，遇压力不低头，遇困难不放弃，始终以饱满的激情，强烈的自信心和积极的人生态度，面对困难，迎接挑战。无论生活还是工作，困难和压力随时存在，但他们面对困难时，始终保持着积极的态度，所以，最终能够战胜困难。柳传志正是以这种积极的态度直面困境，终于带领联想走出低谷，把联想打造成为全球最大的 PC 生产厂商。

工作中难免会遇到困难和挫折，如果我们抱有积极的想法，乐观的态度，就会从正面的角度看问题，思路会更加开阔，更容易找到解决问题的方法。困难到处有，可贵的是面对困难的乐观态度和勇气。

带着积极的态度去工作和生活，以极大的热情去追求自己的梦想，乐观、努力、坚定、自信，相信只要坚持不懈，找准自己的位置，发挥自己的才智，成功便会悄然而至。

2. 积极的态度帮助你营造良好的人际关系

在公司里，在我们周围，常常会有这样一群人，他们热情洋溢，工作认真，遇事从容，待人友善。同事们都喜欢和他们接触和交往，工作上有困难主动向他们请教，虽然每天的工作忙忙碌碌，但始终保持开朗、乐观的态度，时刻享受着工作的乐趣。

有什么样的态度，就有什么样的待人接物方式。具有积极态度的人，往往更能营造良好的人际关系。积极态度的人具有宽容、感恩、主动、乐观的心智模式，在与人沟通时更具主动性，他们乐于助人，喜欢主动参与，具有开放和包容的态度。在人际交往中，能够客观地待人和事，有助于化解人际矛盾，使人际关系更加顺畅。例如，被领导批评了，有人就会觉得领导太苛刻，太严厉，不近人情。但换个角度，领导批评你，是对你“恨铁不成钢”的表现。而正是这种严格的要求，才更促使你在工作上、专业上进步更快。看待事物的角度不同，结果自然迥异。

积极的态度是成功的前提。每个人都具有优秀的潜质，持有消极态度的人常常自我设限，找出这样、那样的借口，使自己的潜能无法正常发挥。而积极的态度则可以调动、激发这种潜质。

所以，成功与否首先是态度，尤其是关键时刻所持有的态度。如果一个人是乐观积极的，他就能够坦然地面对困难，有勇气接受挑战。无论目标是什么，都会相信自己有决心、有能力实现目标。人生成功与否，全看你“心之所向”，成功和失败，仅系于一念之间，这一念即是态度。

（二）积极的态度在工作中的表现

1. 热爱工作

19 岁的李万君职高毕业，被分配到长春客车厂电焊车间水箱工段。一年后，当初和他一起进厂的 28 位伙伴中，25 人离了职。当时厂里流传一句顺口溜：“远看像逃难的，近看像要饭的，仔细一看是水箱工段的。”可见条件之艰苦。但李万君留了下来。厂里要求每人每月焊 100 个水箱，他总会多焊 20 个；厂里两年发一套工作服，可他一年得磨破四五套。他说：焊工是非常累非常苦的工作，只有感兴趣才能热爱，热爱才能敬业。正是对焊工这份职业的热爱，他坚持了下来，刻苦钻研技术，练就了过硬的焊接本领，被誉为“高铁焊接大师”，并获得了“感动中国”2016 年度人物。

我们不难发现，那些在工作上、事业上取得成绩的人，都是热爱工作的人。因为热爱，他们比别人更投入，更忘我。他们百分之百专注于工作，甚至痴迷于工作。所以，他们的成就远远超过那些马马虎虎应付工作，稀里糊涂混日子的人。高尔基说：天才是由于对事业的热爱而发展起来的。简直可以说，天才——就其本质而论，只不过是对事业，对工作过程的热爱而已。

热爱工作，才能主动工作。一位企业 CEO 曾说：在企业经营过程中，生产、销售、研发环节中的任何一个链条，都可以改造、完善，都有可能做得更好、更完美。新产品、新市场和新的工作方法是任何一家企业都需要的，但所有的这些，都需要由做事积极主动的员工去推动、去完成，这样的员工才能为企业担起重担，也是企业最需要的。

热爱是最好的老师。热爱使他们更积极、高效、进取；重要的是，热爱使他们更快乐。因为他们目标感更强，为达到目标持续的努力本身就是快乐和幸福的。

2. 乐享工作

一个人自身的社会价值是通过他的社会劳动体现出来的。歌德曾说：你若要喜爱你自己的价值，你就得给世界创造价值。如果从 22 岁开始工作算起，人的一生要工作 30 ~ 40 年，而这几十年正是我们精力最旺盛、创造力最强的时候，是人生的黄金时期。那么，这最为重要的几十年如何度过值得每个人思考。

瑞典哥德堡大学的研究人员对“如何才能快乐”这个问题进行研究，结果发现努力工作会让人感觉快乐。他们认为，为达到目标而进行的工作比达到目标本身更能让人感到快乐。

工作是生命的一部分，工作本身给我们带来快乐，工作岗位也是一个人展示才华、才干的平台，通过工作带来的成就感和满足感可以使人产生持久的快乐。

这是一位年轻人讲述他父亲的故事。他说：“我的父亲是一位普通的电焊工。父亲退休后的一天，我看到父亲把当年的工作服从衣柜里拿出来晾晒。晚饭时，便好奇地问父亲为什么要晾晒已经很久不穿，可能再也没机会穿的工作服。”父亲慢慢地说：“我 18 岁进厂当工人，工作了 40 多年。刚进厂工作时跟着师傅学习，慢慢手艺提高了，我成了师傅，开始带徒弟。当年厂里条件差，真苦真累呀！还挨过师傅不少骂。靠这份工资供你上了大学，看你有了出息我高兴。可你知道爸爸什么时候最威风吗？是手拿焊枪的时候，是跟徒弟们‘说活儿’的时候。不错，当年我喊过苦，叫过累，抱怨过，也跟领导顶过嘴。可现在想想，在厂里工作的40多年是我最快乐的时候。我穿什么也不如穿着工作服舒坦。”

父亲的这番话让这位年轻人改变了对工作的看法。以前他认为工作就是为了挣钱，为了养家糊口还房贷，现在他懂了，工作不仅仅是我们谋生的手段，还是学习技能的地方，是成长的地方，是展现自己才华的地方，是发挥创造力的地方，是给社会创造财富的地方，是让我们快乐的地方。既然我们身在其中，为什么不尽情享受工作的乐趣呢！

工作的乐趣不在于职位的高低，不在于是什么样的岗位，不在于是否一帆风顺，也不在于碰到一位好领导，而在于我们是否尊重自己的劳动，肯定自己的付出，认可自己的价值；在于我们是否去创造，是否尽其所能，是否满怀激情、全力以赴。让我们以积极的态度，享受工作的乐趣，体会工作的快乐吧！

（三）培养积极态度的方法

1. 积极的心理暗示

积极态度的养成需要主动地培养，不断地学习；需要克服懒惰、自卑等消极心态，学会不受周围负面情绪的影响并主动靠近那些具有积极态度的人。同时用热情和正能量感染、影响身边的人。

具有积极态度的人从心底里洋溢着对生活的热爱，他们总是开朗乐观地对待工作和生活。即使遇到困难和挫折，也会“正向”地思考，理性地对待，积极寻求解决问题的办法，坚信“方法总比困难多”，而不是推诿和逃避。消极态度的人生活在负面情绪当中，悲观失望，满腹牢骚，在生活和工作中，遇到困难和挫折，便怨天尤人，自怜自哀，认为所有的不如意都是他人造成的，而不从自己身上找原因。

心理学家的研究发现，人的消极情绪像病毒一样具有传染性，并且传染过程是在不知不觉中完成的。原本心情舒畅开朗的人，如果与一个整天愁眉苦脸，情绪压抑的人相处，不久也会变得情绪低落起来。

有什么样的态度，就会产生什么样的效果。正面的心理暗示对人生有着极大的帮助。“像成功者那样生活”就是一种正向的暗示，会对人的心理产生良好的影响，它可以调动内在的潜能，产生连自己都意想不到的力量。

2. 保持对工作的热情

热情是指对待事物和人的热烈、友好的感情。热情的人遇事积极、主动。他们全身心地投入工作，沉浸并陶醉在工作中，享受工作带给自己的愉悦。他们的热情也会感染周围的人，和他们一起工作会感到温暖，有如沐春风之感。

始终保持工作热情也是对意志品质的考验。日本著名实业家稻盛和夫认为：人生、工作的结果 = 思维方式 × 热情 × 能力。“能力”大多是先天的，“热情”由意志决定。一个完全没有干劲、没有热情、没有激情的人，和对工作、对人生充满燃烧般的热情、拼命工作的人，之间存在本质的差别，他们的结果也会迥然不同。“成功无捷径！”始终满怀热情，坚持认真踏实地努力，看来这是愚笨无比的方法，实际上却是通往成功的王道。

热情对应的是冷漠。冷漠的人往往对事情漠不关心，对身边的人冷若冰霜，对工作采取“事不关己高高挂起”的态度。有些人一生碌碌无为，对生活和工作总是抱着得过且过的态度，常常挂在嘴边的是“对付着混口饭吃就行了！”“那么努力干吗，又没多挣一毛钱。”“过一天算一天呗！”遇到难题就怨天尤人，选择退缩、逃避。逃避意味着失去解决问题的机会，也会丧失个人成长的契机。

无论做什么工作，热情可以鼓舞你全身心投入其中；只有充满热情的人，才会积极主动，珍爱自己的职业，并在工作中发挥自己的聪明才智，为企业和社会创造价值。

3. 乐观对待人和事

月度销售会议结束，领导刚刚走出办公室，销售人员刘林就嚷嚷起来：

“这个月定这么高的任务，怎么可能完成呢？”

“产品定价又这么高，根本推销不动啊！”

“竞品的品牌力太强大了，我们真的没有一点机会呀！”

“看来这个月的奖金又泡汤了，唉！这日子怎么过呀。”

其他的小伙伴离开会议室就紧张地忙碌起来，针对本月的任务额制订销售计划，拜访客户，进行市场推广。只有刘林一天天地“抱怨”着。结果可想而知，月底只有刘林未完成销售任务，当然也没有拿到奖金，而且还被领导叫去“谈话”。

在面对“较高的销售任务”这个问题时，刘林选择了消极、悲观的态度，其他小伙伴则是积极乐观地面对挑战。结果不言而喻。

乐观指精神愉快，对事物的发展充满信心。乐观的对立面是悲观。悲观的情绪会让人更加失望，就像刘林一样，悲观的人会有意无意夸大事情的困难程度，在心理上产生“不可逾越”的感觉，使人变得退缩不前，无所作为。乐观的情绪则会带来希望。拥有乐观态度的人会积极地行动，并且坚信困难能够得到解决。所以，同样面临工作上的难题，乐观的人投入更多的精力去解决问题，而不是毫无意义地吹毛求疵、怨天尤人。

乐观是可以选择的。维克多·弗兰克尔是一位奥地利心理学家。身为犹太人，“二战”期间他的父母、妻子、兄弟都死于纳粹魔掌，他被关进纳粹集中营并受到酷刑的折磨。在集中营，他每天看到的都是饱受凌虐，随时被送进毒气室的人。有一天，他赤身在囚牢中，突然有了一个全新的感受。正如他在书中所说：人所拥有的任何东西，都可以被剥夺，唯独人性最后的自由，也就是在任何境遇中选择自己态度和生活方式的自由不能被剥夺。纳粹士兵虽然控制他们的生存环境，摧残他们的肉体，但人的思想却是独立的。无论在何种情况下，人都有最后一种自由，选择自己态度的自由。弗兰克本人正是这样做的，在严酷的环境中，他没有悲观绝望，而是反复在脑海中想象自己获释以后，站在讲台上把自己这段悲惨的经历讲给学生听。因为他医生的身份在集中营幸免于难。战后他回到维也纳，在维也纳大学医学院任教。因为在集中营的悲痛经历，促使他发展出积极乐观的人生哲学，使得自己的后半生健康快乐地生活。正如哲学家尼采所说：打不垮我的，将使我更加坚强。

是悲伤还是乐观，是苦恼还是开心，是萎靡不振还是兴致勃勃，取决于你的选择。保持乐观情绪，需要我们遇事多从积极的方面考虑，乐观的人，懂得在逆境中寻找光明，在危机中看到希望。

乐观是可以培养的。要善于从身边小事中寻找快乐。生活是由无数的

“小事”组成的，上班路上树枝生出的新芽；车间里新更换的板报；同事间热情的问候；一天工作的顺利完成……从点滴的小事中发现生活的美好。再有就是正确对待工作和生活中的不如意。俗话说，不如意事常八九。生活上如此，工作上亦如此。以平常心对待，就会发现其实没有过不去的坎。工作中遇到困难挫折，不要钻牛角尖，可以请教领导，可以请求同事协助，这种方法不行，可以再换另外一种方法。悲观是没有用的，相信再大的问题都会解决的。只要积极面对，终会透过乌云见彩虹。

二、自信的态度

（一）自信态度的重要性

自信就是相信自己。自信是人类最基本的内在品质之一，是发自内心的自我肯定与相信。自信，既不同于自卑，也不同于自负。自卑是过低地评价自己，自负则是过高地评价自己，常表现出自大、狂妄而不自知。自信是对自身价值客观、清醒的认识和评价，相信自己有能力实现所追求的目标。自信的人往往是坚定、乐观、阳光的。自信的态度对生活和事业都非常重要。

1. 自信的态度有助于承担挫折

挫折指个体在有目的的活动过程中遇到障碍或干扰而产生的心理状态，表现为失望、痛苦、沮丧、不安等。我们在生活或工作中，都难免遇到大大小小的挫折。每一次挫折都是对勇气和意志力的考验。意志薄弱者遇到挫折会表现的消极、退让，甚至一蹶不振；而意志坚强者却能在挫折中总结教训，在逆境中振奋精神，做到“胜而不骄，败而不馁”。

自信是承受挫折，克服困难的保证。自信的人，会坦诚地、勇敢地面对困难。高尔基说：只有满怀信心的人，才能在任何地方都把自己沉浸在生活中，并实现自己的愿望。

1898～1902年，居里夫妇为提取纯镭，以便测定镭的原子量，证实镭的存在，这两位学者在他们的实验室——一个简陋的棚屋里，夜以继日地工作。皮埃尔·居里专心在实验室做实验，居里夫人则承担着“男人的工作”，站在院子里，穿着满是尘污和酸迹的工作服，用和她差不多一般高的铁条搅动溶液，一公斤一公斤地炼制沥青铀矿的残渣，苦苦地寻觅镭的踪迹。她在日记中写道：搬运仪器，移注溶液，连续几小时搅动熔化锅里沸腾着的材料，这真是一件极累人的工作。在这四年里，她既是学者，也是技师，还是苦力。在这种极端艰苦的情况下，他们依然充满干劲，满怀信心，终于成功了——在成吨的沥青残渣中提炼出一分克纯镭。居里夫人对友人说：我们应该有恒心，尤其要有自信心！我们必须相信我们的天赋是用来做某种事情的，无论代价多大，这种事情必须做到。

在挫折和困难面前，逃避是懦弱的，妥协是消极的，退让就更加无能。唯有勇气和自信，闯过去自是一番天地。爱迪生说没有失败，只有离成功更近一点儿。

2. 自信的人能够接纳自己的不完美

金无足赤，人无完人。在这个世界上，每个人都有优点和缺点，不存在十全十美的人。有时人自身的缺点是先天的。邓亚萍被誉为世界乒坛皇后。但邓亚萍的运动生涯并非一帆风顺，她从小打球，因为个子太矮，被河南省省队排除在外。这些情况，父亲都跟邓亚萍说了。邓亚萍明白了父亲的意思，但她并未就此放弃。虽然外在条件无法改变，她仍然相信自己，刻苦训练一定能有突破。她靠苦练形成自己的打球风格，弥补了身高的不足，在多次大赛中取得了出色的成绩。因为邓亚萍的出色成就，改变了世界乒坛只在高个子中选拔运动员的传统观念。萨马兰奇评价说：一个自身条件并不好的女孩，能够长久称霸女子乒坛，在邓亚萍身上我看到了奥林匹克精神。

每个人都有劣势或缺点，重要的是要了解和正确认识自己的不足，客观地、辩证地看待自己的优缺点，缺点在某些情况下可能变为长处。比如：邓亚萍矮小的身材使她的重心转换幅度很小，有利于反手换正手后的快攻。在是否将邓亚萍引入国家队的争论中，张燮林说：你们认为邓亚萍的个子小是不利条件，也许这是她的优势。因为个子小，在别人看来很矮的球，她看来就是高球了，可以直接扣杀进攻。自信的人会接纳不完美的自己，坦诚地面对缺点和不足，而不是一味地掩盖和逃避。

3. 拥有自信是成功的基础

自信的人具有积极的自我意识，能够不断地进行自我激励，克服消极情绪，保持情绪的稳定。自信常常驱使着事情往好的方向发展，而这些对事业的成功都起到重要作用。一个自信的人，可以积极、正面地实现与表达自我价值，展示自我能力；能够正确地、实事求是地评价自己的知识、能力，虚心接受他人的正确意见，对自己所从事的事业充满信心。

一个自信的人，不管从事什么样的工作，都能够更好地发展。他们坚信自己有能力，并执着于自己选择的目标。无论在工作还是生活中，唯有自信，才可以遇到强者不畏惧，遇到挫折不气馁，成为生活的强者。莎士比亚说：自信，是迈向成功的第一步。

（二）培养自信的方法

1. 肯定自己

学会自我激励，肯定自己，不断给自己正向的评价。每顺利完成一件工作时，就告诉自己："我做得很不错。"这样每天找到几件"小成功"的事情来鼓励自己，坚持不断对自己进行正面心理强化，以此提升自己的信心。

在体育比赛中，良好成绩的取得，运动员必胜的自信心至关重要。当运动员充满自信时，会爆发出最大的潜力。自信心不足则直接影响临场的发挥。为了增强信心，降低赛前的紧张和焦虑情绪，教练会安排运动员回想过去的成功比赛，再现当时的情形，使运动员受到鼓舞，增强信心。

同样在工作和生活中，多回忆自己过往取得的成绩，不断在自己的意识中注入积极、正面的信息，排出消极、负面的想法，多鼓励自己，相信自己，慢慢形成习惯后，必然信心大增。

2. 工作中的成功体验

我们每天做的工作可能是平凡细小的，但如果抱着积极的态度，坚持"每日事每日毕"的工作作风，认真完成每一项工作，就是成功。并非"丰功伟绩"才是成功，面对平凡的工作，努力地完成，在工作中有所发现，有所创造，有所成就。而自己也在这样的创造和成就中得到锻炼，获得职业成长。

3. 提升专业能力

能力欠缺，"底气"不足，就会畏首畏尾。俗话说"艺高人胆大"，有"艺"在身，信心自然就会提升。通过学习，专业能力不断提高，自信心也随之增长起来。所以，能力是提升自信非常重要的方面。

另外，要勇于展现自己优秀的一面。一个人若总是用自己的劣势去对比他人的优势，对于自信心是一种打击，也容易使人产生自卑感。在工作中抓住机会展现自己的优点和特长，由此得到别人的认可和鼓励，自信就会慢慢得到提升。

4. 勇敢说出来

李开复刚刚加入微软时，因为担心说错话，不敢在比尔·盖茨面前讲话。有一天，公司要进行改组，比尔·盖茨召集十多个人开会，要求每个人轮流发表看法。他就想，既然一定要讲，那不如把心里话都讲出来。于是，鼓起勇气坦诚地说出了对公司进行改组的意见。没想到，比尔·盖茨接受了他的建议，改变了公司的改组方案。从此，李开复再也不惧怕在任何人面前发言了。

拿破仑·希尔曾说，有很多思路敏锐、天资高的人，却无法发挥他们的长处参与讨论。其实，并不是他们不想参与，而是因为他们缺少信心。

参加会议或培训，尽量争取坐在前排，主动发言，大胆说出自己的想法，讲出自己的观点。为了克服紧张情绪，可以在会前针对会议主题做好准备。充分的准备，有助于提升自信。当鼓起勇气讲出来后，就会增加信心，下一次发言会更加容易。

5. 榜样的力量

近朱者赤，近墨者黑。平日与自信的人多接触，多跟自信的人交朋友，对增强自信同样有效。能经常跟快乐的人在一起，你就会比较快乐，经常跟自信的人在一起，你就会增强自信心。心理情绪也是会传染的，他们自信的情绪会感染到你，久而久之，受其影响，你也会成为一个自信的人。

6. 建立自信的形象

自信会从仪态、眼神、言语里自然而然地流露出来。整洁的仪表，得体的着装，有利于增强一个人的自信。如果一个人穿着邋里邋遢，会给人萎靡不振的印象。另外行为举止要大方从容。精神饱满，面带微笑，昂首挺胸，目视前方，都给人带来自信的感觉。仔细观察，那些正在遭受打击、排斥的人，一般走路会慢慢腾腾、无精打采，这些都是没有自信的表现。

三、务实的态度

（一）务实心态的现实意义

务实就是讲求实际，不求浮华。务实的心态是一切从实际出发，不浮夸、不空想的踏实心态。拥有务实心态的人，是踏踏实实、勤勤恳恳工作的人；是坚定执着、认真做好每件事的人；是充满激情、怀揣梦想又从容独立，为了梦想一步一个脚印奋斗的人。

俞敏洪在北京大学演讲时曾讲过这样一个故事，说能够到达金字塔顶端的只有两种动物，一是雄鹰，靠自己的天赋和翅膀飞了上去。有天赋的人就像雄鹰。但是，大家也都知道，还有另外一种动物，也到了金字塔的顶端。那就是蜗牛。蜗牛肯定只能是爬上去。从底下爬到上面可能要一个月、两个月，甚至一年、两年。在金字塔顶端，人们确实找到了蜗牛的痕迹。我相信蜗牛绝对不会一帆风顺地爬上去，一定会掉下来、再爬，再掉下来、再爬。但是，蜗牛只要爬到金字塔顶端，它眼中所看到的世界，它收获的成就，跟雄鹰是一模一样的。

这个故事告诉我们，梦想落到实处才有价值。我们每个人都拥有梦想，梦想的实现需要踏踏实实的努力，没有捷径可走。“一分耕耘，一分收获”，就像蜗牛，虽然平凡，却一步一个脚印，永不放弃，终于登上顶峰。

2016 年 11 月 18 日 13 时 59 分，神舟十一号飞船返回舱成功着陆，航天员景海鹏、陈冬从太空回到地球家园，创造了中国航天员太空驻留时间的新纪录。这也是景海鹏的第三次太空之旅。景海鹏 1998 年 1 月正式成为我国首批航天员，也是三次入选的航天员，这与他平时踏踏实实地训练分不开。每一次的选拔，都会重新开始考核，并不因你有过太空经验而照顾。景海鹏每一次都像第一次参加考核一样，认真对待。当年的教官回忆说，在保定航校学习期间，景海鹏就是一位踏实、认真的好学生。

屠呦呦因发现青蒿素，创制抗疟新药而成为首位获得诺贝尔奖科学类奖项的中国人。消息传来，振奋国人，但殊不知，屠呦呦和她的团队已经潜心研究了几十年。对青蒿素的研究，用去了屠呦呦大半生时间。在几十年的时间里，她和她的团队都在查找医学典籍、寻访民间医生和埋头做实验中度过。

如今已经85岁高龄的她，依然坚持工作，带领团队搞科研。成绩的取得是每日认真踏实工作的成果。“没有人能随随便便成功”，务实努力是成功的基础。达·芬奇也是从画一个又一个鸡蛋开始，苦练基本功。正是有了这种磨炼，才有了名画《蒙娜丽莎》的问世。

从景海鹏到屠呦呦，我们羡慕他们的成功，但你是否想到，他们在成绩取得之前，早已默默无闻地努力工作过很长一段时间。成功是努力后的结果，更是认真、执着的最佳诠释。

我们也会发现，身边有些人很聪明，自身条件很好，具备事业成功的能力，但因为缺乏务实肯干的心态，心浮气躁，好高骛远，往往高不成低不就，导致一生碌碌无为。

在当今这个生机勃勃，容易浮躁的年代，务实的态度更显得难能可贵。在工作中，务实的心态要求我们做工作要实实在在，一丝不苟，不会就学，不懂就问，从小事做起，把每件小事做到极致！

（二）培养务实态度的方法

1. 踏踏实实做小事

作为普通人，我们大部分时间，都在做小事。工人师傅每天操作机床，制作零部件；士兵，每天训练；饭店服务员招呼客人、微笑服务。也许过于平淡，但这就是生活，这就是工作。这些平平常常的小事，正是成就大事不可缺少的基础。务实的态度要求我们认真对待工作中的小事情，把小事情做精、做到位。

“不值得定律”指出，在潜意识里，人们习惯于对要做的事情都做一个值得或不值得的评价，不值得的事情也就不值得去做或不值得做好。在客观环境下，多数人往往关注能给自己带来“荣耀”的大事情，而将具体工作当作不值得去做的小事情。做大事的时候，人们往往认为是一种荣誉，一次挑战，即使有困难与挫折也不退缩，积极地调动一切可以调动的资源，全身心地投入，因为他认为这是一件值得做的事情，就是再辛苦也值得。试想，如果一个人认为从事的是一份自认为不值得做的事情，就不会全力投入，而是采取得过且过、敷衍了事的态度。这样做，不仅成功率极小，即便取得成绩，也不会觉得有多大的成就感。但事实上，在工作中，我们遇到“大事情”的概率并不多，工作往往是由小事积累起来的，当你在实力上与别人难分上下时，在小事上下功夫就成了决定成败的关键。成功首先要做好小事情，小事情是通往大事业的必经之路。

“捞纸大师”周东红和同伴抬着纸帘在水槽中左右晃动，一张湿润的宣纸便有了雏形，整个过程不过十几秒。他和搭档每天要重复这样的捞纸动作一千多次。每年经他手捞出的纸就超过 30 万张。捞纸并不是什么惊天动地的大事，而他已经在这个岗位上工作了 30 多年。认真对待工作中的小事情，恰是心中有“大责任”的体现。重视工作的小事和细节，也是工作的原则之一。

同样是小事，不同的人会有不同的体会和成就。王慧是公司行政部的文员，每天的工作是接听电话，接待来访客人，打印公司文件，安排会议等琐碎细小的事情。这些工作看上去没什么含金量，但她对任何一项工作都认真对待，客人来访，她热情接待，打印文件整洁漂亮，会议安排细致周到；每天的事情虽然杂乱，但安排得井井有条。她认真踏实严谨的工作态度，赢得了公司领导和同事的赞赏。

多数刚刚进入工作岗位的年轻人，不管在哪个领域，从事什么样的工作，都会经历一段或长或短的“蘑菇期”。何谓“蘑菇期”——年轻人就像蘑菇一样被置于“阴暗的”角落，在不受重视的部门，做着打杂跑腿的工作，有时还会受到批评和指责，甚至代人受过，得不到必要的指导和提携。无论多么优秀的人才，在工作初期都有可能被派去做一些琐碎的小事。在这种情况下，与其浑浑噩噩地浪费时间，不如从你经手的每一件琐事、小事中得到锻炼，得到成长。

“不善小事，何以成大器。”任何平凡的岗位都是展示才华的舞台，我们把身边的事做好、做到位，就是不简单。不要因为你的工作是平凡的小事，就轻视你的工作，不管你正处于“蘑菇期”，还是你做的工作本身就包括许多小事，都应该全心全意地做好，这也是职业成长的必由之路。

2. 关注每一个细节

老子告诫我们说：天下难事必作于易，天下大事必作于细。做大事要从细小处做起。天下的大事都是从细小的地方一点点形成的。汪中求先生说：细节不是“细枝末节”，而是用心，是一种认真的态度和科学的精神。

（1）细节体现职业素养

周恩来总理是大家非常尊敬的领导人，他在工作中对细节非常关注，最反对工作人员用“大概、可能、也许”这样的词汇。有一次，要在北京饭店宴请国际友人，他问：今晚的点心是什么馅的？工作人员回答：大概是三鲜馅的。周总理马上追问：什么是大概，是还是不是，要搞清楚，如果有对海鲜过敏的客人，出了问题怎么办？

《周恩来公共外交访谈录》记载了这样一件事情：有一次，日本一个相扑代表团的运动员在访华的第二天就要去爬长城，因为他们始终是穿着拖鞋，周总理发现后就说，你们穿着这种鞋爬长城不合适。再买鞋也来不及，周总理立刻安排制鞋厂，给每一位相扑运动员量了一下脚的尺码，第二天一早，每人门前放着一双新鞋。

细节反映出一个人为人处世的态度，折射出一个人的智慧和素养。一个不经意的细节，往往反映出一个人深层次的修养。尼克松在访华结束后曾表示：周总理很细心地关注着每一棵树，但是，他也注意到森林。周恩来总理严谨的做事风格是我们学习的榜样，他这种一丝不苟的工作作风，赢得了中国人民的爱戴，同时赢得了国际友人的尊敬。

（2）细节体现专业能力

完美的细节体现出专业化的品质，而只有具备了专业化训练和精神的人，才能铸造完美的细节。

海尔在产品品质上一直精益求精，追求卓越，在对客户服务上也是有口皆碑，制定了非常严格细致的标准。例如：服务工程师上门服务，如何“敲门”这个普通的环节，海尔都严格要求、一丝不苟。海尔规定的标准动作为连续轻敲两次，每次连续轻敲三下，有门铃的要先按门铃，要求服务工程师平时多加练习，养成习惯。从这些服务细节中，体现出海尔的专业务实精神。

（三）“工匠精神”的启示

2016年6月25日20点，长征七号火箭在海南文昌航天发射中心首次升空。长征七号火箭是中国载人航天工程为发射货运飞船而研制的新一代运载火箭。一飞冲天，创造了中国航天史的多项第一。在航天科技集团九院的车间里，铣工李峰正在工作，尽管此刻属于加班加点赶工，但他的每一个动作依然是从容不迫的。李峰加工的部件正是“惯组”中的加速度计，如果说“惯组”是“长征七号”的重中之重。那么，加速度计就是“惯组”的重中之重。在他的工作模式里，速度不来自表面的急促紧迫，而源于每一个工作行为的准确有效。此时，他对自己的产品依然“吹毛求疵”，在他心里，精益求精已经成为一种信仰。

他安装的“眼睛”可以承受海底每平方米数千吨的压力，在无底黑暗中神光如炬。中国船舶重工的钳工顾秋亮凭着手上的绝活，被任命为7000米级潜水器“蛟龙号”的装配组组长。在与钢铁对话的磨炼中，顾秋亮让自己手上的每一根神经都形成了匠作记忆。他表面的行为是锉磨钢铁，而深层的含义是在锉磨自己的心性。在这样的琢磨中，普通钳工顾秋亮磨成了工匠“顾两丝”。手指上的纹理磨光了，但这双失去纹理的手却成了心灵感知力的精准延伸器。

在喧嚣中，他们固执地坚守着内心的宁静，凭着一颗耐得住寂寞的匠心，创新传统技艺，传承工匠精神，大国工匠，匠心传世。

资料来源：央视网：《大国工匠》，2016－05

工匠精神，是对工作敬业专注、务实严谨的态度，是对产品精益求精、尽善尽美的追求。2016年3月，“工匠精神”首次出现在政府工作报告中，引起了社会各界强烈的关注和共鸣。倡导“工匠精神”对员工、对企业、对社会有哪些启示呢？

对员工而言，工匠精神是对专业的不懈追求。

施品芳是中国商用飞机有限责任公司工程师，参与了首架国产大型客机C919的研制生产。在他眼里，“工匠精神”有着非常具象化的表现。打开他的工具箱，几十把大大小小的刀有序摆放其中，刀头都经过精雕细琢。施品芳直言，当学徒时，光磨刀就学了3个月，车、磨、铣、刨、镗等各个工序，一个都不能少。如今，他对徒弟，始终秉持着非常高的要求。

对每一位员工而言，“工匠精神”就是坚韧平实，不浮躁，不急切；是对专业的持续精进，是对“手艺”一生的磨炼；是不断雕琢自己的产品，不断改善自己的工艺，是不断争取产品的卓越，并且享受产品在自己手里升华的过程。

对企业而言，“工匠精神”是提升“中国品质”的关键。

在瑞士，制表商对每个零件、每道工序、每块手表都以一丝不苟的完美主义精神打造。据了解，有一些手表，其中零件可达七八百个，即使是顶级表匠，一年也只能造出一块。这种高标准，严要求，几乎使瑞士手表占据了全球市场。

中国正在从制造大国向制造强国转型升级的过程中，恰恰需要的就是对产品精益求精的“工匠精神”。质量是企业的生命线。质量是和“工匠精神”联系在一起的。企业坚持“工匠精神”是将“中国品质”提升上去的关键。以质量为生命，靠质量赢得声誉，不断改进和提升产品的品质和服务，不断打造高质量的产品，才能满足社会多层次的物质文化需求，让“大国制造”走出国门，赢得世界的认可。

对社会而言，倡导“工匠精神”体现了对劳动者的认同和尊重。

2015 年“五一”开始，中央电视台播出了八集系列节目《大国工匠》，讲述了八位普通劳动者的故事。其中有给火箭焊接发动机的高凤林，有沪东中华造船集团焊工张冬伟，有中国宣纸股份有限公司高级技师周东红，有港珠澳大桥钳工管延安等。他们是普普通通的一线工作者，他们对工作一丝不苟，对专业孜孜以求；他们敬业、执着、坚持，他们专注和努力，缔造了一个又一个的“中国制造”。他们凭借着对职业技能的完美追求，跻身“国宝级”技工行列，成为一个领域不可或缺的人才。他们是千千万万一线职工的代表，是真正的“大国工匠”，他们普通又伟大，实现了平凡劳动者的职业成功之路。

国家大力提倡“工匠精神”，体现了对这些普普通通劳动者的认同，唤起人们对劳动价值观的正确认识，让“工匠”享有本该属于他们的尊重和敬意。同时倡导社会和企业给予一线员工更多的人文关怀，在全社会营造尊重劳动、尊重技术、尊重创造的良好氛围。

这些普通的劳动者，曾经用他们的双手创造了“中国制造”的奇迹，而今，他们正在秉承“工匠精神”，完成从制造大国向制造强国的转型。

四、合作的态度

（一）团队合作的重要性

1. 认识团队

团队是“一个组织在特定的可操作的范围内，为实现特定目标而建立的相互合作、一致努力的由若干成员组成的共同体”①。

第一，团队成员在两人以上，但人员规模应受到限制，不应过大。

第二，团队成员具备不同的技能、知识或经验，彼此发挥不同的作用，做出不同的贡献。

第三，团队成员要相互信任，共同承担团队成败的责任。

第四，团队有共同的目标。任何团队都应制定清晰、明确的目标，共同的目标可以指引团队成员的行动方向。

2. 团队合作的重要性

(1) 团队合作是社会发展的要求

金庸笔下的武林高手，个个怀有独门绝技，仅靠一人的力量就可独霸天下。这是中国人独有的武侠梦。但在社会分工越来越细的今天，要想一个人独步天下，难！社会竞争如此激烈，每个个体就像一部巨型机器的零件，每个人充其量只是颗小小的螺丝钉。融入团队，合作发展是时代的要求。个人英雄主义时代已经过去，合作共赢的时代已经来临。

(2) 团队合作是个人职业成功的前提

一个人的精力、能力、智慧都是有限的，单凭个人的力量，即便能力再强，智慧再高，也很难以一己之力创造奇迹，况且每个人都存在“短板”，都有能力不及之处。当工作任务超出个人能力范围时，团队合作就势在必行。一名优秀员工，唯有融入团队，发挥团队力量，为了共同目标，共同努力，才能创造佳绩，在激烈的市场竞争中立于不败之地。

作为一名职业化员工，要主动学会依靠团队的力量。无论你从事什么职业，处于什么环境，都无法脱离他人对你的支持。具备职业化的团队意识，有助于在竞争激烈的时代，实现既定目标。一滴水只有放进大海里，才能永远不干涸；一个人只有融入团队中，才最有力量。团队是个人职业成功的前提，融入团队是最佳的生存、发展之道。

3. 团队合作的基础

(1) 相互信任

团队成员之间的相互信任是合作的基础和前提。相互信任能够提高合作

① ［美］劳伦斯·霍普．团队管理．企业管理出版社，2001：5.

的品质，只有相互信任，团队成员之间才能够相互支持，合作才可能成功。

（2）建立规则

规则是合作的基础。规则需向全体成员公布，以此来规范团队成员的行为。管理专家指出，最有价值的团队规则可以分为支持规则、协调规则、反馈规则和领导规则等。

（3）良性沟通

指团队成员间的沟通互动和相互理解。

（4）共同愿景

强调长远利益，相信“美好的蓝图”会实现，不计较个人利益和眼前的得失，合作才能成功，目标才能实现。

（二）提升团队合作能力的方法

1. 合理分工，高效配合

从前，有这样的两个人，一个人得到一篓鱼，另一个人有一副渔具，他们的任务是穿越一段无人区，看看谁能存活下来。他们二人出发了。得到鱼的人走累了，也饿了，就搭火做饭将鱼篓里的鱼吃掉了；另外一人幻想着不远处会出现一个大大的鱼塘，可以用渔具钓许多许多的鱼。还没有穿过无人区，第一个人因为早已经把鱼吃光，后期又没有食物补充饿死了，第二个人还未走到苦苦期盼的鱼塘前面也饿死了。

同样情形，也是两个人，一个人得到鱼，另一个人得到渔具，两个人的任务还是穿越一段无人区，看看谁能活下来。两个人出发前，将得到鱼的数量和路程的远近做了一个规划，按照路途远近两个人有计划地分享食用这些鱼，就在鱼即将吃完的时候，他们看到了久久盼望的大鱼塘，两个人用渔具钓了足够两个人食用的鱼，一起成功穿越无人区。两个人共享各自的资源——鱼和渔具，合作完成了穿越的任务。这就是合作的好处。

当今社会分工越来越细，个人的能力越来越趋于专业化，每个人掌握的资源也是有限的。只有通过团队合作，吸取别人的优势，弥补自己的不足，在合作过程中发挥自己的长处，才能齐心合力把任务完成。

2. 分享成果，共担责任

在团队中，要承认他人的贡献，尊重他人的付出。得到帮助，要表示感谢。懂得分享，不独占团队成果。团队合作过程中的取长补短也是一种分享，合作的是事情，分享的是资源、能力、各自的优势，在合作分享的过程中，彼此都能够进步成长。在团队里，任何的成功都是团队成员共同劳动、共同努力的结果。

有一群猴子，看到高高的悬崖上有一串熟透的果子，悬崖太陡峭了，仅仅靠一只猴子无法摘到果子。于是，聪明的猴子就团结起来。一个踩着一个的肩膀，形成梯子，于是，最上面的猴子摘到了果子。摘到果子的猴子独自在悬崖上大嚼起来，忘记了自己之所以能摘到果子是大家团结合作的结果，丝毫不理会下面的猴子，下面的猴子生气了，撤去了“梯子”，最上面的猴子吃完了所有的果子，却怎么也找不到下来的路，最后饿死在悬崖上。

猴子们通过团结努力获得了成功——摘到了悬崖上的果子，而最上面的猴子却独占了大家的劳动果实。从短期看，最上面的猴子占到了便宜——它自己吃到了所有的果实。但是从长远看，它占到了小的便宜，却付出了巨大的代价——它失去了团队的信任，最后丧了命。

团队合作不仅仅表现在对成果的共享上，更在于对责任和压力的分担上。要学会“推功揽过”，主动承担责任。越在困难时越要相信团队的力量。遇到困难和挫折，如果团队成员人人都主动承担责任，共同分担压力，既定目标一定能够实现。

3. 尊重个性，顾全大局

团队合作的基础是信任和尊重。在团队中，不同性格，做事风格迥异的人要相互理解，要尊重每一个人，每一个观点。团队合作并不是抹杀个性，在合作中，每个人的聪明才智都得到尽情的发挥，每个人的才华都能尽情施展，这才是团队的魅力。

实务训练一

小张进公司两年了，工作勤恳踏实，但平时不善表达，也不合群，原因是他觉得自己学历不高，来自农村，怕别人瞧不起自己。无论是部门会议还是参加培训，他总爱坐在角落里，从不主动发言。有一次，部门内部开展“头脑风暴”，大家都积极思考，踊跃发言，气氛非常热烈。部门经理见小张一直不发言，就鼓励说：“小张，说说你的想法。错了不要紧，大家讨论，畅所欲言嘛。”小张没有想到会被领导点名，一下子紧张起来。喃喃地说：“我没什么意见，听大家的吧。”听完他的话，大家都尴尬地沉默了……其实，小张一直在认真听大家的发言，还把自己的意见记在了本子上。但他觉得自己的意见微不足道，没有价值，也怕讲出来会遭到同事的嘲笑，笑话自己的“点子”没新意、没深度，所以，始终不敢说出来。

这件事情过去以后，开会时领导不再点名叫他发言了，而他变得越来越沉默，也越来越远离大家了。

问题：想一想，你身边是不是也有像小张这样的人？请简要回答培养自信的方法？

解题思路：自信是人类最基本的内在品质之一，是发自内心的自我肯定与相信。自信的心态是职业化的必备心态，是事业成功的基础。

参考答案

1. 肯定自己。
2. 工作中的成功体验。
3. 提升专业能力。
4. 勇敢说出来。
5. 榜样的力量。
6. 建立自信的形象。

实务训练二

小李干活麻利，技术过硬，在公司组织的技术大赛中拔得头筹，成为公司的“明星”。不久前被任命为动力车间第二小组组长。但担任组长没多久，车间主任就发现第二班组士气低落，班组成员之间不信任，缺乏默契。后经了解发现，自小李担任组长以来，觉得自己“有真本事”，瞧不起人，员工请教技术方面的问题，他爱答不理。有了成绩，他接受公司的表扬，风风光光地去领奖，从没有提起过班组其他成员的努力。出了问题，反倒推卸责任，抱怨、指责员工。由于他的自私、自大，导致整个班组成员之间不团结，工作松懈，严重影响了工作效率。

问题：在团队合作方面，小李需要在哪些方面进行提升？

解题思路：第一，小李并未认识到团队合作的重要性，过于强调个人能力；第二，小李应该培养合作意识，提高合作能力。

参考答案

首先，要认识到团队合作能力的重要性。

1. 团队合作是社会发展的要求。
2. 团队合作是个人职业成功的前提。

其次，要掌握合作能力的方法。

1. 合理分工，高效配合。
2. 分享成果，共担责任。
3. 尊重个性，顾全大局。

思考与练习题

1. 爱岗敬业的内涵是什么？
2. 责任有哪两种含义？
3. 保守企业秘密需要注意哪些方面？
4. 自律意识的培养需要从哪几方面入手？
5. 创新意识的误区有哪些？

6. 积极态度在工作中的表现有哪几方面?

7. 培养自信的方法有哪些?

8. 团队合作的重要性表现在哪些方面?

9. 案例分析。

星火厂107胶车间主任刘忠很“抠门”，他精打细算，使107单釜料的生产时间缩短了6小时，并形成稳定工艺；他将2000多吨DMC不合格品变成了高品质的201硅油产品；他及时发现异常产品质量情况，避免因产品质量问题给企业造成的重大经济损失和社会影响，被厂里授予“质量卫士”。

在刘忠眼里，时间能当钱花。107胶产品槽车每包装一次需耗时10余个小时，槽车经常需要两天才能发货出厂。刘忠着急，时间都到哪儿去了？他分别到设备、技术等部门，和他们的人员多次沟通、反复测算，提出了在包装泵处增加一台加压泵的建议。这个建议实施后，每包装槽车就能在当天内以最短的时间完成包装返回，一次可节约4个小时，刘忠“抠门”节约出时间就是为了增加企业效益。刘忠急销售之所急，他提出每月增加槽车量，车间相应增加4个包装槽车管线的建议。如今，107胶每月可节约近54万元的包装费用。为了降低生产成本，刘忠和他的团队还探索出了如何运用水解料制胶同样达到DMC制胶品质的方法，并不断进行其他规格黏度胶的工艺摸索，积累了大量实践经验，为今后大规模运用水解料进行生产不同规格黏度胶打好了基础。

资料来源：中国化工集团官方网站，2014-03-25

问题：在日常工作中，节约和控制成本具体表现在哪些方面?

第三章

职业化核心能力

学习目标

1. 掌握提升学习能力和执行能力的方法。
2. 了解常用的沟通方式及网络沟通的特点。
3. 了解人际交往能力的重要性。
4. 学会体察和接纳自己的情绪，学习提升情绪管理能力的方法。

学习重点

1. 了解沟通的含义，掌握沟通的技巧。
2. 了解情绪管理能力的重要性。
3. 学习正确对待职场压力，学会纾解压力。

学习难点

1. 员工提升执行能力的具体方法。
2. 人际交往的原则及技巧。

学习引导

职业化核心能力包括学习能力、执行能力、沟通能力、人际交往能力和情绪管理能力。学习能力决定了职场竞争力，提升学习能力是社会发展的需要。执行力是企业战略实施的关键，提升执行能力需要掌握科学的方法。不仅做到坚决服从上级指令，还要执行到位。通过沟通可以交流信息，传递思想。有效地沟通，有助于达成共识，提高工作效率。“人际关系紧张”是职场压力源之一，掌握人际交往的原则，培养人际交往能力，可以改善人际关系，使人际交往更顺畅。情绪管理不当影响身体健康，同时会给工作带来负面影响。情绪管理能力对每一个人都非常重要。

职业化核心能力被称为职场“软实力”。在企业，职业化核心能力的开发越来越受到重视。培养职业化核心能力是职场成功的重要因素之一。

第一节　学习能力

努力提升学习能力的王亮

中学毕业的王亮离开家乡到深圳闯荡，成为千千万万深圳建设者之一。因为没有任何技能，只能在建筑工地做“杂活”——哪个工位缺人手就到哪个工位做帮手。他没有抱怨，每天踏踏实实地干活。不管派到哪个岗位，都认真向师傅学习。他的踏实努力得到工长的认可，特意安排了一位经验丰富的师傅带他。此时王亮更加勤奋，他总是早上第一个来上班，晚上最后一个下班。回到住处，将师傅讲述的“工作要领”记在笔记本上，有时间就读专业书籍。几年时间王亮转职多个岗位，每次的岗位变化他都当作学习新知识、掌握新技能的机会，技术水平得到很大提升。工友们评价他“爱琢磨，点子多”，谁遇到工作上的难题总爱找他商量解决。

经过多年来的摸爬滚打和勤学苦练，王亮从一个学徒工成为一名技术工人，加入公司的“技术创新小组”，成为公司技术骨干人员。不仅拥有了一份稳定的工作、不错的收入，而且还建立了美满的家庭。

王亮虽然学历不高，但在工作中，具有不断学习新知识的能力，专业技能也不断提升，并且懂得“活学活用”，将学到的知识运用到工作实践中。王亮正是通过学习能力的提升和专业技能的进步赢得了同事和领导的信任，使自己的职业之路越走越顺畅。

一、学习能力的重要性

学习是一个广义的概念。它不仅指知识、技能的学习，还包括态度、行为准则的学习；既有在校的学习，也有日常生活中的学习。学习能力是指以有效的方式掌握新知识、获取新技能的能力，并能够将其转化为自身能力的一部分，运用到工作中。学习能力是一种竞争力。个人学习能力决定职场竞争力，企业学习能力是学习型组织的基础。

学习能力是一切能力的基础。如果把个人的成长和发展比作一棵大树，学习能力就像是树根。学习能力强，汲取的养分就多，大树就能够茁壮成长，个人就会不断进步。反之，这棵大树就会停止生长甚至枯萎，个人就会停止发展以至于被社会淘汰。

学习能力可促进职业能力的提升。职业能力，是指某一具体职业所应具备的工作能力。在每一个职业、工种和岗位，都需要特定的职业技能。在求职过程中，招聘方最关注的是求职者的岗位胜任能力，即职业能力。职业能力是你进入职场的敲门砖，也是职业发展的必备能力。而良好的学习能力是职业能力提升的关键。

学习能力可促进职业生涯的持续性发展。职业生涯是一个持续不断的发展过程，只有通过不间断的学习，才能从容应对职业生涯中所遇到的各种挑战。在工作中，仅靠学校学到的知识是远远不够的，只有不断地补充、吸收新知识，更新自身的知识结构，才能实现“保值”和“升值”。即使工作多年的员工，虽然积累了丰富的工作经验，但以往的工作方式和业务技能已经不能适应现代企业发展的需要。要做到在工作中游刃有余，只有通过不断的学习，不断的提高才可以实现。

员工的学习能力影响企业发展。企业持续经营的能力，取决于员工知识和员工技能的深度和广度。创建健康发展的企业，应把提高员工学习能力作为重点，使企业成为学习型组织，使员工成为学习型员工。

提升学习能力是社会发展的需要。现代社会，知识正以史无前例的速度增长。知识老化的速度和知识增长的速度一样越来越快。新知识、新技术引发了生产方式和生活方式的深刻变化。如果没有学习意愿，不主动学习，墨守成规，就会被社会淘汰。要想保持职场竞争力，每个人都必须注重学习能力的提升，这样才能更好地适应时代的要求，满足工作的需要。当今社会，对学习能力的要求比以往任何时候都更为强烈。每个人必须不断地学习，才能够应对新知识、新环境的挑战。

二、提升学习能力的方法

（一）积极的学习态度

1. 时刻保持积极学习的心态

在快速发展变化的时代，如果没有积极的学习心态，就会被时代所淘汰。企业的每一位员工，都应该保持求知若渴、虚心若愚的学习心态。只有摆正学习态度，从内心真正认识到了学习的重要性，才会积极主动地去学习。在工作中，时刻保持积极的学习心态，不懂就问，不会就学。通过学习，不断提高自己的工作能力，提升自己的专业水平。

2. 避免学习误区

提高学习能力，既要对学习保持积极的心态，同时还要注意加强对学习重要性的认识，避免进入学习误区。

误区一：工作很忙，没时间学习。

一提到学习，有些人就会说：平时工作已经很忙了，哪还有时间学习。抱有这种观点的人，是将学习和工作截然分开。其实，职场是学习的最佳场所，工作本身就是最直接的学习，只要你是个有心人，就会发现在工作中遇到的所有人和事，都有值得你学习的地方。或许你认为，我的岗位太平凡了，再努力学习也不会有人欣赏。首先有这种想法就是对自己工作岗位的轻视，是对工作的不尊重。没有哪个岗位不需要学习，从企业总经理到基层员工，不学习，就无法转变观念；不学习，就无法适应岗位要求；不学习，就无法保证工作质量。

误区二：做好本职工作就行，没必要学习。

有些人觉得只要做好本职工作就可以了，没必要参加学习，在思想上对学习产生了惰性。再有就是认为知识够用了，不需要再学习了。这两种观点都是错误的。在当今时代，不仅知识更新的速度很快，企业也在不断地变革。引进新技术和新的管理方式，以往的知识和技能储备已不能满足工作的需要。学过的知识不及时更新，很快就会过时。不及时学习补充新知识，圆满完成本职工作已不可能。如果满足于以往学到的知识，掌握的技能，从而止步不前，迟早会被淘汰。

所以，我们要克服学习的消极心态和惰性，增强学习的主动性和自觉性。端正学习态度，不断学习，不断进步，适应这个快速变革的时代，适应不断发展的工作需求。

（二）立足岗位，在实践中学习

首先，认清工作中的每一项任务都是一次学习的机会。如果你充分利用这些机会，在每一个问题的解决当中，获取知识和经验，那你的技能必然增加。明白了这一点，就会有意识地从工作中学习知识与技能，增长经验和智慧。工作的进步和成长，就是在实践中不断磨炼出来的。

其次，要立足本职工作学习。结合自己的岗位特点，有针对性地学习，带着问题去学，工作中的难题，要弄懂弄通。对新产品、新技术、新知识不要有排斥心理，而是主动学习，尽快掌握。

最后，要系统地学习。系统学习本专业的知识，查漏补缺，使得自己的专业知识有全面、整体的提高。在这方面，前文提到的“高铁焊接大师”李万君为我们做出了榜样。

作为中车长春轨道客车有限公司的一名普通焊工，李万君在20多年的工作实践中，一直扎根岗位，学习进取。虽然国外对高铁技术进行了全面封锁，但他凭借刻苦钻研，实现了“技术突围”，参与几十种高速车、铁路客车、城铁车转向架焊接规范及操作方法的制定，先后进行技术攻关100余项，其中21项获国家专利，《氩弧半自动管管焊操作法》填补了我国氩弧焊焊接转向架环口的空白。他一次又一次地试验，取得了一批重要的核心试制数据。专家组以这些数据为参考编制了《超高速转向架焊接规范》。他研究探索出的“环口焊接七步操作法”成为公司技术标准。因在专业领域的突出贡献，被誉为工人“院士”。

（三）向身边的人学习

1. 向上级学习

说起领导，开发部的一位小伙子这样评价他们的技术总监：“刚来的时候是看不起他——四十岁出头，其貌不扬，话也不多，没什么特别之处。想想我也是名牌大学毕业，正值风华正茂、意气风发之时，难免从心里瞧不起他；后来是看不懂他，小组内的员工工作上耍小聪明，我们都心明眼亮，看在眼里，他却好似混沌不知，从不当众点破；真正开始佩服他，是开发遇到问题的时候，小组讨论，大家苦思冥想找不到突破口，他的几句话，看似漫不经心，云淡风轻，却往往说到要害处，让人豁然开朗。再后来我观察他，发现不论是处理员工关系还是专业上的问题，他表现的都很有智慧。我们认为他没注意到的问题，其实他都看在眼里，只是他会选择合适的机会来解决。现在我再遇到问题，总是会想：‘如果是他会怎么做呢?’不知不觉就跟他学了，这就是他的魅力吧。”

工作中，我们会遇到不同管理风格的上级，他们都有过人之处，也许比我们有经验，也许技术上有专长，或者在管理上比我们更成熟。向上级学习，是获取知识和能力最为直接的渠道。多请教、多提问、多观察，常沟通是向领导学习的最佳方式。

2. 向同事学习

如果你保持着开放的学习心态，就会发现身边的人有很多值得学习的地方。每天与你朝夕相处的同事，每个人都有不同的优点或特长，可能在技术上强于你，或者在对问题的理解和分析上高于你，抑或在人际关系的处理上比你有经验。那么，你向他们学习，学习他们的技术，学习他们分析问题和处理问题的方法或技巧，学习他们的工作经验。这些优点一旦被你吸收，对你工作的开展将大有益处。

3. 向客户学习

1993 年微软公司成立产品支持服务部门，就客户对微软产品以及公司整体满意状况进行调查，同时设立“希望热线”，接收来自客户的意见，将这些信息分析整理后，作为开发新产品的参考。新项目开发期间，开发人员对选定的客户提供测试版，进行实际的测试，然后，根据客户的反馈意见，对新产品进一步完善。

许多优秀的企业都非常重视客户意见，注重向客户学习。客户提出的最新需求，对产品品质及服务提出的意见，可以为产品的完善或营销策略提供灵感，可以激发产品的改进或创新；从客户身上学到的知识，有助于打开思路，运用到工作实践中，提高工作质量。

此外，要积极参加企业组织的培训学习，不断提高自己的知识水平，扩充知识面；要培养自主学习意识，独立思考，敢于创新，把学到的新知识运用到工作实践当中去。

（四）养成持续学习的习惯

青岛港吊装大师许振超，练就了“一钩准”“一钩净”“无声响操作”等绝活，能把吊装技术练得像绣花一样精细，丝毫不差，多次在吊装技术比赛中技压群雄，还多次打破世界港口吊装纪录。为了这“一招鲜”，他至少练了30年，日复一日，练习不辍。他的同事曾这样评价他：“从学历上看，我比老许高，但他做了我的领导，我服气，因为他的技术领先于我。我年轻时打扑克、下象棋，他则把所有的时间都用来学习。他比我大11岁，学习起来吃力得多，但他坚持学习，超过了我。现在我觉得不学习没有出路。我业余时间也在学习。”

《异类：成功人士的故事》一书指出：人们眼中的天才，之所以卓越非凡，并非天资超人一等，而是付出了持续不断的努力。

养成持续学习的习惯。首先，要有求知欲望，对新知识有好奇心。对知识有兴趣，才能有学习的意愿和动力。其次，要有危机意识。知识在不断更新，用传统的眼光看待今天的事物已经跟不上社会发展的需要。美国当代管理学家彼得·圣吉指出，一个人所掌握的知识如果每年不能更新7%的话，就无法适应知识社会的变化。因此，他提出了“终身学习”的理念。只有不断更新知识储量，掌握新知识、新技能，才能适应未来工作的需要。

当然，最重要的还是要学会管理自己、约束自己。学习一天两天不难，难的是坚持下去。

古语说：十年磨一剑。许振超成为“金牌工人”，也是几十年如一日不断努力、坚持学习的结果。所以，要立志成为专业上的佼佼者，应具备超人的耐心和毅力，坚持不懈的刻苦精神，相信水滴石穿，终会成功。

第二节　执行能力

柳传志罚站

“联想集团”以良好的执行力著称，这也是“联想”成功的关键。执行力不仅体现在大是大非上，也体现在小事上。譬如“开会迟到罚站”制度，便是他们执行力的重要体现。

第一个被罚站的人，是柳传志的一个老领导，场面很是难堪。柳传志印象深刻：“我说，完了我到你家给你站1分钟！他站了一身汗，我坐着也一身汗。当时的确尴尬，但是制度必须严格执行。”

柳传志自己也被罚过三次。有一次，柳传志被关在电梯里面，那时还没有手机，无法请假，最后乖乖地认罚。

柳传志说：“罚站是件挺严肃、挺尴尬的事情。开小会的时候，你得独自站着开。开大会，全体与会人员眼巴巴看着你，等着你站够1分钟。”

“罚站”这种事最容易走过场，但柳传志却严格执行了。以小见大，可见执行力是柳传志以及联想集团成功的重要原因之一。

一、执行能力的重要性

（一）什么是执行力

执行力就是将战略与决策转化为实施结果的能力，是把企业战略、规划转化成效益、成果的关键。执行力包含完成任务的意愿，完成任务的能力，完成任务的程度。执行力又分为企业执行力、团队执行力和个人执行力。

个人执行力就是接收上级指令后，立即行动，在规定时间保质保量完成任务的能力。个人执行力至少包含三个层面：第一层面，接收指令，百分之百服从；第二层面，按规章、按流程做事，指执行的过程；第三层面，按时保质保量完成任务，指的是执行的结果。

第一层面是最基本的执行，也是员工必须遵守的纪律。虽然看似简单，但出现问题最多，往往在“服从”环节就打了折扣，为后面的工作带来隐患。第二层面是遵守规范和流程，这是保证企业运转效率和产品质量的关键。一位从事体育科研的专家谈过我国运动员屡夺金牌的秘密：他们对成功运动员的动作录像进行计算机分析，将连续复杂的动作分解为简单的步骤。研究整理出简明的可参照度量的训练流程，然后指导运动员按照流程训练，结果成绩提高得很快。严格按照流程操作，可以防止工作失误，是保证任务完成的关键；有了第一层面和第二层面做支撑，才会有第三层面——执行的结果。

（二）执行能力的重要性

1. 执行能力对企业的重要性

执行力是企业战略有效实施的关键。没有好的执行力，再好的企业战略也无法付诸实施。

执行力可以提升企业效率。企业从产品研发到销售，是一个完整的体系。在这个体系中，每一个环节都有其规范性。员工按照规范和流程操作，企业才得以正常运转。如果哪个环节执行上出现偏差，整个系统就会出现混乱，影响企业整体效率。所以，员工的高效执行是提升企业效率的关键。

执行力可以保证产品质量。海尔的产品能够享誉世界，受到人们的喜爱，是因为海尔提供了高质量的产品。而这一切得益于海尔员工每一道工序、每一个环节的认真执行。

企业目标的实现需要人去完成，从领导者到基层员工，都处在“执行”的过程中。执行的态度和能力，是企业目标能否达成的重要因素，所以，执行能力直接影响着企业的竞争能力。

2. 培养执行能力对员工的重要性

员工执行力不佳主要表现在以下几方面：

（1）工作拖拉

工作缺乏计划性，导致不能在规定时间内完成工作，或眼看离规定时间很近了，仓促行事，难以保证工作质量。

（2）相互推诿

害怕承担责任，即便在职责范围内的事情，也不愿主动承担。由于自己的“不作为”导致工作“卡壳”，影响效率。

（3）找借口

遇到问题“绕着走”。表现为思想懈怠，工作上遇到难题，不是积极想办法解决，而是想办法“绕开”。实在“绕不开”，就推给领导或其他同事。

执行能力是员工的基本能力之一，在平时锻炼自己的执行能力对完成本职工作有很大帮助。

第一，养成制订工作计划，按计划执行的习惯。

第二，督促自己严格遵守规章和流程，避免工作失误，即使出现问题，也能够迅速找出原因，加以修正。

第三，提升工作效率，更好、更快地完成工作。

第四，强化职业化素质，提升职场竞争力。

二、员工提升执行能力的方法

（一）端正态度

企业中的高层决策者、中层管理人员和基层人员有不同的分工，承担着不同的职责，在执行上的侧重点也有所不同。基层员工的执行力表现为按计划完成某个具体任务的能力。首先，要具备百分之百服从的态度，接到指令，不打折扣，不讲条件，认真完成；其次，在执行过程中要遵守企业规章制度和工作流程，如生产流程和工艺流程等，不能随意改动流程或为图省事漏掉某个环节；最后，要有负责任的态度。

据报道，2009 年 4 月 10 日上午，在太原火车西站派出所附近一家汽车维修铺内，一位工人在修理汽车时，因为违规操作导致油箱爆炸，造成了一死一伤的结果。后经查实，这位工人只是少做了一个动作：当时，他正在给卡车焊接油箱。按照正确的操作流程，油箱在放干汽油后，必须在对油箱不停抽气的情况下，才能对油箱进行焊接。虽然他将抽气管放进油箱，却没有打开气泵。结果，因为油箱内残余的汽油挥发，在焊接时遇到高温，立即产生了爆炸。未按要求严格执行，造成了事故的发生。简单来说，基层员工的执行能力表现为服从上级指令，遵守工作流程，按时保质保量完成本职工作任务。

（二）设定目标

所谓目标，就是达到某种目的或标准。在工作上设立一个明确又可行的目标，可以使工作更有方向感，督促自己全力以赴为之努力。我们常常感到光阴虚度，无所事事，一天过去了，发现自己什么事也没做，其实并不是你没有能力，而是缺乏动力。清晰的目标会给我们带来动力。目标就是方向，当方向明确了，行动力就会增强，就更加清楚做什么、怎么做。所以说，目标影响执行力的高低。

目标的设定应明确而具体。目标设定的SMART法则，也被称为制定目标的“黄金法则”。

S代表具体（Specific），指设定的目标要明确而具体。

M代表可度量（Measurable），目标应该是可以衡量的，不能只是停留在口头上。太笼统则无法衡量，而且也不知道自己是否取得了进步，对自信心也是一种打击。

A代表可实现（Attainable），指在付出努力的情况下可以实现，避免设立过高或过低的目标。目标设立太高，难以达成，会丧失自信；目标过低，会失去努力的动力。

R代表相关性（Relevant），指目标与工作是相关联的。如果实现了这个目标，但与其他的目标完全不相关，或者相关度很低，那这个目标即使被达到了，意义也不是很大。

T代表有时限（Time - bound），指目标应该有时间限制。时限性可以明确这个目标是短期目标、中期目标还是长期目标。

从时间上讲，目标可分为长期目标、中期目标和短期目标。长期目标是指一年以上，比较远大的目标，中期目标一般是指数月至一年的目标，短期目标是指一个月左右的目标。

还有人提出微型目标的概念，微型目标是指一天之内所要完成的目标。目标的实现可以从微型目标做起，把每天的工作做好，把眼前一点一滴的小事做好。“不积跬步无以至千里，不积小流无以成江海。”“小目标”是长期目标的重要组成部分，完成得不好，长期目标就很难如期实现。

1984 年国际马拉松邀请赛在东京举行。比赛开始，选手之间竞争非常激烈，但比赛结果却出人意料，名不见经传的日本选手山田本一夺得了本次邀请赛的冠军。人们都很好奇，他为什么取得了世界冠军。他在后来的自传中揭开了谜底。原来在比赛之前，他把比赛的线路仔细地看了一遍，并把沿途比较醒目的标志画出来。例如，第一个标志是一家银行；第二个标志是一棵大树；第三个标志是一座红色的房子……就这样一直到比赛的终点位置，然后将这些标志一一记在心里。比赛开始后，他奋力跑向第一个目标，到达第一个目标后，又以同样的速度跑向第二个目标，四十多公里的赛程，由于被设立成一个一个具体的目标，所以轻松地跑完了，而且取得了骄人的成绩。如果没有目标意识，只是一味盯着四十公里外的终点，跑到十几公里恐怕就开始疲惫了，再想到前面的路还遥遥无期，恐怕就被吓倒了呢。

这个小故事让我们明白目标的重要性。实际的、切实可行的目标能增加执行者的动力，每一个小目标的实现都会带来成就感，同时激励自己，挑战下一个目标。目标的实现是衡量执行力的重要尺度。

（三）良好沟通

某网站在 2005 年 10 月 31 日至 11 月 28 日举行的一项关于执行力的调查中，有 1828 位网站用户参与了调查，其中 47.98% 的参与者认为最能有效提升执行力的因素是良好的沟通。由此可见，良好的沟通是执行的基础。

一位经理叫员工去买打印纸，他买了三张回来，经理说三张怎么够用，我至少需要三摞；第二天，员工去买了三摞，经理一看大叫，我要 A4 纸，你怎么买 B5 的呀！又过了一天，员工终于买回 A4 打印纸！经理又大叫，买个打印纸，用了三天，你这执行力太差！员工心里委屈，嘀咕说：你又没交代清楚哪天要，要哪个型号的，要多少，害得我跑了好几趟！

这个案例说明两个问题，一是经理的指令不清晰，二是员工未及时澄清疑问，没有主动与上级沟通，造成执行结果不佳。工作中要执行到位，在沟通方面，需要掌握以下三点：

1. 接收指令后的沟通

上级下达指令后，员工要清楚执行的内容和方向。如果有疑问，及时向上级提出。否则，如果执行方向错了，目标将无法达成。如上文中的员工，接到买打印纸的任务后，如果问清楚数量、型号、是否紧急等，就可以避免错误发生。

2. 执行过程中的沟通

失之毫厘，谬之千里。在执行过程中与当初的计划大相径庭，这种情况也会发生。执行过程中的沟通可以防止此类情况的发生，这也是企业实行“过程管理”的意义所在。在执行过程中，领导负有监督、指导的责任。员工如果有疑问，或者遇到问题，应该主动与上级沟通，提出自己的工作思路，以避免在执行中“走样”。

3. 坦诚沟通

员工在与上级沟通时，要做到坦诚交流，表达自己的真实观点。切记不要隐瞒事实，混淆视听，最终使执行结果大打折扣。

（四）专业能力

专业能力是指一个人在某一领域所具备的知识和技能，也是岗位胜任能力。专业能力是执行的关键。虽然不一定专业能力越强，执行力就越佳，效果就越好，但如果不具备可以胜任工作和完成任务的能力，执行的结果也会出现偏差。所以，专业能力直接关系到执行的结果。

（五）讲求方法

除了正确的态度和专业的能力，掌握提升执行力的方法同样很关键。PDCAR 法则是一种很科学的工作程序，适用于在做事中学做事，养成“今日事今日毕”和“不犯第二次错误”的习惯。PDCAR 法则用在执行力上，将使执行力得以提升。

PDCAR 分别代表计划（Plan）、执行（Do）、检查（Check）、修正再执行（Action）、记录和备案（Record）。

（1）计划

PDCAR 法则中的“P”代表计划。制订计划时，应尽力考虑到可能发生的一切问题，并相应地制定应对措施——也就是将风险因素纳入计划中。计划要“实事求是”，要冷静、客观、自主，学会站在第三方的角度通盘考虑计划的可行性。另外，要给计划增加一些压力，以便督促自己执行。

（2）执行

PDCAR 法则中的“D”代表行动。计划一旦确立就坚决执行，并且坚持不懈。中途不要轻易改变设立的目标。

（3）检验及调整

PDCAR 法则中的“C”代表检验和调整。如果在检验中发现了偏差，则需要查缺补漏、及时调整，以免犯更大的、不可挽回的错误；如果在检查中证实了计划的有效性和正确性，就可以加大投入，将计划执行到底。

（4）修正再执行

PDCAR 法则中的“A”代表重新开始。在计划执行过程中，如果遇到失败和挫折，即执行结果与目标值产生差距，要汲取经验或教训，进行并修正采取相关措施，重新开始。

（5）PDCAR 法则中的“R”代表记录和备案

计划执行完毕后，需认真总结计划执行过程中的经验、得失，并将计划执行的详细情况记录、备案。无论计划的执行是否成功，有关该计划的详细信息能为后来者提供可资借鉴的宝贵资料。

PDCAR 法则是一种十分有效的执行力管理与修炼的指导工具。它的适用性非常广泛，几乎人人可以应用，时时可以应用，事事可以操作。学习和掌握 PDCAR 法则，无论对企业还是个人执行力的提升都有很大帮助。

具体参见表 3－1 PDCAR 示意图。

表 3－1　PDCAR 示意图

阶段	步骤
P 计划阶段	①设定目标 ②搜索与目标相关的信息 ③制订计划
D 执行阶段	④根据计划执行工作
C 检查	⑤检查执行情况 ⑥适时调整
A 修正再执行	⑦对检查结果做出修正 ⑧修正后再执行
R 记录和备案	⑨总结、备案

（六）执行到位

执行力的本质要以结果为导向，不仅是执行，重点是执行到位。企业的每一位员工，要坚决遵循上级指令，对上级布置的工作任务，要不折不扣，圆满完成。执行到位表现在以下几方面。

1. 对工作任务理解正确

企业一位部门经理曾说：如果执行的方向错了，后果只有一个：你不是在计划怎么成功而是计划怎么失败。员工执行力弱，表现为执行的结果与当初设计的不一样，走了形。员工接受任务后，遇到不清晰的地方，要主动与上级沟通。不能只是按照自己的理解和方式去解决问题。如果理解出现偏差，员工和上级的想法大相径庭，最终执行走样，也就不可避免了。

2. 主动执行

执行中，应发挥自己的主观能动性，而不是机械地敷衍应付。万科提倡“带思考地执行”，强调执行力不单是“做事情”，重要的是“做成事情”。“做成事情”就是在执行中要结果。

3. 对结果负责的态度

在执行过程中培养结果思维。态度不等于结果，达成目标，创造价值才是结果。企业的执行力，是企业所有员工的执行力之和，只有员工在执行任务时，纪律严明，对每一个指令，每一项任务，一丝不苟地完成，企业才能高速运转，才能确保企业目标的实现。

第三节　沟通能力

阿维安卡 52 航班——因沟通不良导致的空难事故

1990 年 1 月 25 日晚上 7：40，阿维安卡（Avianca）52 航班飞行在南新泽西海岸上 37000 英尺的高空。机上的油量可以维持近两个小时的航程，在正常情况下飞机降落至纽约肯尼迪机场仅需不到半小时的时间，这一缓冲保护措施可以说十分安全。然而，此后发生了一系列耽搁。首先，晚上8：00，肯尼迪机场航空交通管理员通知52航班的飞行员：由于严重的交通问题，他们必须在机场上空盘旋待命。晚上8：45，52航班的副驾驶员向肯尼迪机场报告他们的“燃料快用完了”。管理员收到了这一信息，但在晚上9：24之前，飞机没有被批准降落。在此之前，阿维安卡机组成员再没有向肯尼迪机场传递任何情况十分危急的信息，但飞机座舱中的机组成员却相互紧张地通知他们的燃料供给出现了危机。

晚上9：24，52航班第一次试降失败。由于飞行高度太低及能见度太差，因而无法保证安全着陆。当肯尼迪机场指示52航班进行第二次试降时，机组乘员再次提到他们的燃料将要用尽，但飞行员却告诉管理员新分配的飞行跑道“可行”。晚上9：32，飞机的两个引擎失灵，1分钟后，另外两个引擎也停止了工作，耗尽燃料的飞机于晚上9：34坠毁于长岛，机上73名人员全部遇难。

当调查人员分析了飞机座舱中的磁带，并对当事人的管理员进行了询问后，发现导致这场事故的原因是沟通的障碍。

首先，磁带记录表明，飞行员一直说他们“油量不足”，交通管理员告诉调查者这是飞行员经常使用的一句话。当被延误时，管理员认为每架飞机都存在燃料问题。但是，如果飞行员发出“燃料危急”的呼声，管理员有义务为其导航，并尽可能迅速地允许其着陆。一位管理员指出，“如果飞行员表明情况十分危急，那么所有的规则程序都可以不顾，我们会尽可能以最快的速度引导其降落的”。遗憾的是，52航班的飞行员从未说过“燃料危急”，所以肯尼迪机场的管理员一直未能理解飞行员所面对的真正困难。

其次，52航班飞行员的语调也并未向管理员传递有关燃料紧急的严重信息。许多管理员接受过专门训练，可以在这种情境下捕捉到飞行员声音中极细微的语调变化。尽管52航班的机组成员之间表现出对燃料问题的极大忧虑，但他们向肯尼迪机场传达信息的语调确是冷静而职业化的。

管理员们还说，据他们所知，一般情况下，飞行员不愿意声明情况紧急，这是由飞行员的文化、传统和机场的职权决定的。如果飞机正式报告了紧急情况，降落后飞行员需要写出大量的书面汇报。另外，如果发现飞行员在计算航程所需油量方面疏忽大意，联邦飞行管理局就会吊销其驾驶执照。这些消极的强化因素极大地阻碍了飞行员发出紧急呼救。在这种情况下，飞行员的专业技能和荣誉感可变成赌注。

资料来源：张德：《组织行为学》（第三版），高等教育出版社，2008 年版

一、沟通能力的重要性

在生活和工作中，沟通是建立人际关系的桥梁，人们表达愿望、提出建议、交流思想、请求帮助，都需要沟通来完成。沟通是一门生存技能，没有沟通，就无法进行信息传递和信息分享；没有沟通就没有人际间的互动。而有效沟通也会减轻由工作带来的压力。

（一）沟通的含义

所谓沟通，是在两个或两个以上的人之间对某种信息的传递、接受和理解。具体来说，沟通所传递的信息既包含客观情况和事实，也包括人的思想、意见、态度、感受等。沟通是双向的，沟通过程至少涉及两个人，沟通者和接受者。单独一个人是无法进行信息沟通的。沟通的信息有一个传输的过程，而且要被接受者理解。如果只是一方发出信息而另一方未能接受或理解，则沟通未达成。例如，员工用纯正的四川方言汇报工作，主管领导完全听不懂，那么，就说明沟通未达成。沟通的关键是对方接受和理解了信息，而不仅仅在于沟通者发出了信息。沟通的信息至少包含四方面：客观事实、情感、意见或建议、价值取向。沟通能力就是个人在这四方面有效地与人交流的能力。

（二）语言沟通与非语言沟通

沟通有两种主要的渠道：语言沟通和非语言沟通。

1. 语言沟通

语言沟通是所有通过语言来传达和表述的，包括口头或书面的形式。非语言沟通是指不用语言的所有沟通。

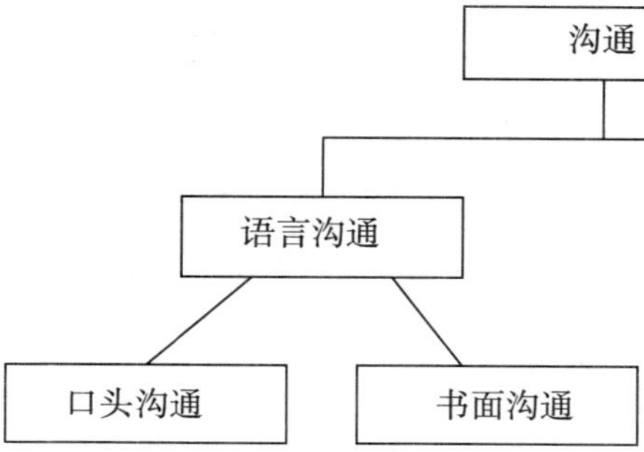

（1）口头沟通

口头沟通是借助言语进行信息传递，如谈话、讨论、演讲等。特点是直接、灵活、迅速，在沟通过程中常常伴有表情和手势，以增强沟通效果。缺点是沟通范围有限，随机性强等。

（2）书面沟通

书面沟通是指借助文字进行信息传递，如书信、通知等。书面沟通具有较强的规范性。缺点是范围受限，只能在一定范围内适用。

从实际情况来看，沟通从来不是单一的，常常是综合运用的结果。美国心理学家 T. L. 戴尔对口头沟通、书面沟通以及口头与书面混合沟通的效果进行了比较研究，他对某大公司员工从书面沟通、口头沟通、口头与书面混合沟通三种方式中获得的信息内容进行了测验，分别得到的平均分数，如表 3－2 所示：①

表 3－2　三种沟通方式的测试分数

沟通方式	员工人数	测验平均分数
书面沟通	100	4. 91
口头沟通	94	6. 17
口头与书面混合沟通	102	7. 70

从实验结果可以看出：口头与书面混合沟通的效果最好，口头沟通次之，书面沟通最差。

① 陈春花主编．管理沟通．第二版，华南理工大学出版社，2008：13.

2. 非语言沟通

非语言沟通是指所有不用语言进行的沟通，如表情、动作、体态等形式的沟通。美国传播学家艾伯特·梅拉比安（Albert Mehrabian）通过实验把人的情感表达效果量化成了一个公式：信息传递的100% =7%的语言 +38%的语音 +55%的态势。从以上公式可以看出，非语言符号系统在沟通中具有重要的功能，它能补充、调整、代替或强调语言信息。

虽然沟通媒介越来越发达，但依然不能取代非语言沟通。尤其在传递情感方面，非语言沟通具有重要的作用，常会以微妙的方式传递感情和态度。

非语言沟通的应用——伊拉克战争期间手势帮助群体控制

伊拉克南部城市纳贾夫是伊斯兰圣地之一阿里清真寺的所在地，同时也是先知穆罕默德的女婿阿里的陵墓所在地，还是大阿亚图拉·阿里·侯赛因·西斯塔尼的家乡，他是伊斯兰世界最受人尊敬的什叶派教徒之一，也是美国努力在伊拉克引进一个更适合的政府的潜在支持者。

萨达姆·侯赛因的统治被推翻前的一周，西斯塔尼发话说他想会见美国军队的最高官员。因为害怕被暗杀，他也要求士兵保护他位于清真寺附近金色大道边的住宅。但是当130名来自第101空降部队第二营、第327步兵团士兵和他们的武装装载车开到金色大道提供安全保卫时，这一地区成千上万的伊拉克人开始发怒了。教会长老试着向人群解释美国人为什么来，但他们的声音被淹没了，人群认为美国人将试着进入，并可能袭击神圣的清真寺。

当迅速扩大的人群接近士兵时，叫喊声变得更大。军队指挥官克里斯托夫·休斯中尉预感到将有一次可能的死亡事故，于是他拿起喇叭，大叫部队的别号："没有懒散的士兵！"然后他命令："大家单膝跪地。"据目睹这次事故的记者说，每位士兵几乎立即单膝跪下。休斯接着叫道："把你们的武器瞄准地上。"又一次，士兵照做了。

由于人群仍然愤怒地大叫，休斯用喇叭第三次发话："没有懒散的士兵，都笑。"他命令道："小伙子们，笑，每个人都笑！"然后在这非常困难的情况下，跪着的军队向人群露出他们能做到最友好的微笑。

目击者说这些手势开始奏效，人群中一些人向美国人回报微笑，并停止大叫。但一些反叛者继续叫喊，他们很明显是侯赛因栽培的支持者向人群提供错误的信息，因此休斯又一次说道："所有的车辆撤退，士兵冷静地站起来并从这地方撤退。"接着他又说："我们走，以便人们了解我们不会伤害他们。走吧，伙计们，后退、微笑、再后退。"随即，士兵们后退了100码，然后转身返回他们的营地。

资料来源：史蒂文·L. 麦克沙恩，玛丽·安·格里诺：《组织行为学》（第三版）

非语言沟通的形式有有声语言和无声语言。有声语言，即通过重音、声调的语音变化来传递信息，如通过音量、音调、速度和语气的变化等，传递不同的信息和情感。例如，欢快的语调可以传递出愉悦的情绪，低沉的语调则显示出沉重或悲伤；讲话时声调突然提高，用以强调内容的重要或提醒听众注意等。无声语言，又称为态势语言，包括表情语言、动作语言和体态语言。例如，睁大双眼表示吃惊，摇头表示反对或不知情等。

常用的非语言沟通方式有微笑、目光和手势等。例如，在工作中，真诚的微笑会给人带来愉悦的感受，可瞬间拉近人和人之间的距离。眼睛是心灵的窗户，目光的交流会传递微妙的情感变化。沟通中，人们往往借助手势传达信息，如以"仰手"表示欣赏，以"覆手"表示反对，以"切手"表示果断等。

非语言沟通和语言沟通通常是相互结合，彼此协调的。例如，在讲话时，常常用眼神、手势等传递信息。

（三）沟通能力的重要性

对个人而言，沟通能力是事业成功的重要因素之一。你有聪明的想法、完美的方案，但如果无法让别人明白你的想法，就不会有任何结果。美国著名学府普林斯顿大学对一万份人事档案进行分析，结果发现："智慧""专业技术"和"经验"只占成功因素的25%，其余75%决定于良好的人际沟通。

对企业来说，沟通是统一思想、行动一致的工具。调查报告显示，当一个公司提高它的"沟通畅通"能力时，它的市场价值就会有超过7%的增幅；沟通水平的高低对公司绩效有重要影响，并且良好的沟通可以提高员工满意度和忠诚度。

二、沟通技巧

沟通包含两个重要的因素，倾听和表达。表达又分为书面和口头两种形式，口头表达是最为直接和常用的形式。下面从倾听和交谈两个方面对沟通技巧进行阐述。

（一）学会倾听

《圣经》上说，上帝造了两只耳朵、一张嘴。就是让我们少说多听，而且要用两只耳朵平衡地听。由此可见倾听的重要性。

倾听由三部分构成：感觉、评价和回馈。

感觉：感觉是接收谈话者的信息。这些信息包括语音、语速、声调和非语言暗示。倾听时避免打断对方并显示出积极的兴趣，直到说话者说完，然后再筛选出重要的信息。

评价：指理解对方提供的信息、评价信息以及记住信息。在倾听过程中，试着理解说话者的感情和想法。因为倾听者处理信息的速度比说话者快三倍，所以可以边听边找出信息的关键点。沟通时经常出现的情况是，谈话刚刚结束，倾听者就能根据谈话信息给出结论，马上回答：这真是个好主意。

回馈：是指对谈话者的反馈。在沟通过程中，要对谈话者做出积极的反馈，如保持眼神交流，表明倾听的兴趣等。

1. 倾听的要点

（1）尊重对方

倾听时态度很重要。对方向你诉说是表示对你的信任，倾听时表现出愿意倾听对方说话，乐于接受别人的观点和看法，让对方有一种备受尊重的感觉。无论你是否赞同对方的观点，无论对方说的事情在你看来多么可笑幼稚，中途不要打断、反驳或嘲笑，更不要带着高姿态点评对方所说的话，要给予对方充分的尊重。

尊重对方并不代表回避询问尖锐的问题。沟通过程中可以提出问题。提出问题，可以挖掘出更多有价值的信息，便于澄清事实，对事物做出准确的判断和决策。

（2）安静地倾听

倾听过程中要聚精会神，避免周边环境的干扰，如周围人的走动、谈话等，不要做出分神的小动作，如低头看手机、东张西望、在本子上乱涂乱画等。安静地倾听是尊重对方的表现，同时能够更多地观察到一些可能会遗漏的非语言线索。

（3）专注地倾听

要认真、专注地倾听对方讲话。在倾听过程中，梳理重点，抓住中心意思，不要被个别枝节所吸引，分析哪些内容是主要的，哪些是次要的，避免造成误解；没有听懂或没有听清楚的地方要适时提出疑问，进行澄清。如果有漏听或不懂的地方，要在对方的谈话暂告一段落时，简短地提出自己的疑问之处；对于对方说出的精辟见解，或有价值的信息，要及时予以理解或赞美。

（4）设身处地地听

作为倾听者，你需要把自己想象成一个讲话者，即站在说话者的立场和角度看问题。要努力领会对方所说的题中之意和言辞所要传达的情绪与感受。在情绪上与对方产生共鸣。有时候，说话者不一定会直接把他的真实情感告诉我们，这就需要我们从他的说话内容、语调或肢体语言中获得线索。

（5）客观地倾听

客观地倾听就是不带主观情绪和个人偏见地听。有偏见或成见，很容易影响你做出判断。在交谈过程中，可能会涉及与自身利益有关的问题。即使你有不同观点也不要轻易表达出来，更不要与对方发生争执。

（6）有效地反馈

倾听别人的谈话要注意进行反馈，验证自己是否理解了对方的信息。你可以问："不知我是否了解你的话，你的意思是……"以此确认对信息的理解是否正确。

2. 倾听的禁忌

（1）自我中心

倾听时注意自己不是主角，对方才是。不要总想占主导地位或者谈论自己的观点。

（2）匆忙下结论

要仔细地听对方说些什么，在对方说完前不要急于发表观点，不要急切地评价对方的观点或表达的建议，也不要提前在心中做出预判。不要把精力放在思考怎样反驳对方的观点上。耐心听完，再做出判断不迟。

（3）心不在焉

倾听时处于似听非听的状态，只是应付，对谈话内容漠不关心，并没有认真去听。

（4）故作姿态

倾听时有意装作认真在听，其实只是敷衍。有时孩子听家长讲话，或者下级听领导讲话时，尽管满口“好、好、好”“对、对、对”“是、是、是”的答应着，但也许根本没在听，不过是摆出听的姿态而已。

（5）忽略感觉

只听内容，忽略对方感受。在倾听的过程中，要体察对方的情绪，通过讲话者语音语调的变化、动作表情的特点，进行分析，以便做出准确回应。

（二）交谈时的注意事项

在交流过程中，关键不在于说什么，而在于怎么说。语言，最能反映出一个人的素养和水平。说话是一门艺术，要讲究方式和方法。

1. 清晰地表达

内容真实，表达准确，力求简洁，这是讲话的基本点。实话实说，不说“大话”，不说假话，更不能编造事实。说谎，尤其在工作场合说谎，可能会断送一个人的职业生涯。

2. 有话好好说

指讲话的态度。相同的一句话，说的方式不同就会产生不同的效果。如果想把自己的意思准确传达给对方，就必须使用对方能够接受的方式来表达，否则对方根本不可能接受你的信息。

3. 注意情绪和场合

如果在气愤、焦虑、恐惧等状态下，沟通根本没有意义。因为，此时的沟通是情绪的宣泄，而非意思的传递。当一方处于消极情绪中，无论谁说，怎么说，说什么，对方都难以听进去。等待双方都进入平静状态时，沟通才能继续。

4. 不该说的不要说

不说“气话、过头话”。伤人自尊的话、侮辱人格的话，都不能说。俗话说：说出去的话，犹如泼出去的水，收不回来。

（三）如何与上级沟通

1. 与上级沟通的原则

员工与上司沟通，通常表现为请示汇报、提出建议和陈述意见等。沟通时应掌握以下原则。

（1）准确性原则

表达的意思要准确无误。要求简明扼要，重点突出。

（2）完整性原则

表达的内容要全面完整。不可以偏概全，或报喜不报忧。

（3）及时性原则

沟通要及时、迅速、快捷。要重视工作过程中的沟通。应该留意自己工作的进度是否和计划书一致，无论是提前还是延迟了，都应该及时向上级回报，让上级知道自己现在在干什么，取得了什么成效，并及时听取上级的意见和建议。

（4）策略性原则

要注意表达的态度、技巧和效果，要选择恰当的沟通时机。

2. 与上级沟通的“四忌”

（1）忌吹捧

作为下级，要尊重上级，维护上级的尊严，支持上级的工作。与上级沟通时，要秉着支持、尊重和配合的态度。但尊重并不等于吹捧，沟通时要有自己的原则和主见。

（2）忌顶撞

与上级沟通时，有时会遇到自己的观点没有得到上级的认可，或者辛辛苦苦做出的方案被上级否定。这时要主动反思自己的观点和方案是否严谨周密，待修改完善后再与上级沟通。切忌听到反对意见便态度急躁，或当面与领导顶撞。另外注意在人多的场合，不要向领导汇报敏感问题，使领导难堪。

（3）忌依赖

作为员工，职责范围内的工作要大胆主动，有创造性地工作。不能唯唯诺诺，事事请示，凡事都要等待上级的指示。遇到解决不了的问题，请示工作很有必要，但不要依赖和被动地等待。

（4）忌越界

工作积极主动，有自己的见解，善于提出自己的意见，是值得提倡的，也是受到领导欢迎的。但不能自恃高明，不考虑上级的工作思路，或在某些工作上擅自超越自己的职责范围。更不可私底下另搞一套，阳奉阴违。

三、互联网沟通的主要特点及形式

随着科学技术的进步，互联网已经成为现代生活中必不可少的一部分，互联网的出现改变了人们的生活方式，其中包括人与人之间的沟通交流方式。与传统沟通方式相比，网络时代的沟通交流方式发生了重大的变化。

（一）网络沟通的主要特点

1. 便捷化

网络时代，人们的沟通方式变得更加方便和快捷了。以电子邮件为例，只需短短的几秒钟就可发送给对方。而且电子邮件除文字信息外，还可以有图片、音频、视频等附件功能，内容丰富，可视性增强。并且不受时间、地域等因素的影响，随时都可以发送。接收者在接到电子邮件后，也可以快速回复，沟通的效率大大提高。所以，方便、快捷是网络沟通的主要特点。

2. 开放化

Facebook 是全球第一个社交网站，它的创始人马克·艾略特·扎克伯格在创建 Facebook 之初只是想让他所在学校的同学能够有一个可以在网上交流的平台。没想到，短短数年，Facebook 就发展成为全球性的社交服务网站，全世界所有的人都能够在上面注册，拥有自己的个人主页，展示自己，而你也可以在上面寻找你感兴趣的人，并与之交流。网络可以实现这种跨越国界、跨越种族的开放式交流。

3. 互动化

许多公司都有内部交流平台，比如工作QQ或微信群等，方便了员工之间的信息交流。这种交流打破了部门之间的障碍，使得跨部门沟通更加方便、迅速，同时使得上下级之间的联络、互动更加容易和方便。上级可以方便地使用网络沟通的方式与员工互动。很多企业的CEO每天上班的第一件事，就是检查电子邮箱，利用电子邮件的方式，来加强与下属和员工之间的联系。

4. 个性化

在网络世界中，与面对面的交流方式不同，人们更少顾忌传统的规范、限制，更加自由地发表自己的观点和情绪。在沟通中更多地体现出个性化的倾向。兴趣相同的人还可以自发地结成不同的组织，例如，在网络论坛里，拥有相同兴趣爱好的人们聚集在一起。大家可以通过发帖和回帖的形式讨论各种自己喜欢的话题。个性化、小众化是网络沟通的特点。

（二）网络沟通的主要形式

1. 电子邮件

电子邮件，简称E - mail。它是一种用电子手段提供信息交换的通信方式。具有传达准确、发送迅速、易于保存、保密性好等优点。但不能实现即时反馈，需要等待对方的反馈信息。电子邮件是企业常用的一种信息传递方式。

2. 网络会议

网络会议系统是以网络为媒介的多媒体会议平台，使用者通过互联网实现面对面般的交流效果。网络会议完全打破了地域的限制，使身处异地的人员可以实现实时的会议通信，与同城乃至全世界的人共享文档、交互式演示、聊天等，可以随时随地解决问题。网络会议在情感交流上稍显不足，面对面的交流会更加亲切顺畅。

3. 电子内部刊物

电子内部刊物是现代企业广泛使用的……企业广泛使用的内部交流、宣传、沟通平台。具有成本低，保留时间长、浏览方便和时效性强等优点。但存在传递范围很难预判的问题。

4. 即时通信产品

即时通信产品是一种可以让使用者在网络上完成实时通信的服务产品。目前在互联网上受欢迎的即时通信产品包括 QQ、微信等。即时通信产品具有信息传播迅速、方便交流感情等优点，缺点是受沟通对象是否在线的约束。

网络沟通的方式并不仅限于以上几种，随着信息技术的迅猛发展，会研发出更多、更好、更加方便灵活的网络沟通工具，企业可根据需要进行选择。

（三）企业网络沟通的注意事项

网络沟通方便快捷，使得上下级之间和部门之间的信息交流更为顺畅，提高了工作效率。但在方便传递信息的同时，也出现了不和谐的声音。

新闻曾报道，两位同事因为晚上在微信群里“抢红包”闹得不愉快，又将负面情绪带到工作里，第二天见面大打出手，双双被公司辞退。另一起事件是有一位员工在公司微信群里贴出某同事和领导“暧昧”的照片，在公司上下引起轩然大波。虽然该员工事后给当事人当面道歉，求得原谅，但给当事人造成的影响不易消除，而且自己的声誉也受损伤。还有一位员工在 QQ 聊天时，无意泄露了公司机密，给公司造成不可挽回的损失，最终被告上法庭。

以上事件提醒我们，在网络沟通时也要讲求规范，不能太过随意。

第一，公司设立的 QQ 群和微信群只可用于工作使用，不发布与工作无关的信息。

第二，严守公司秘密。公司敏感事项不得随意转发。

第三，不要在群内或朋友圈发布不良政治倾向或者含有淫秽色情内容的文字、图片和视频。

第四，朋友圈、微博等社交网络不传播同事、朋友的隐私以及敏感消息或未被证实的消息。做到不信谣、不传谣。

第四节　人际交往能力

职场的烦恼

崔凯任职一家知名企业，入职两年来对公司和工作都很满意。但与上级的关系不是很融洽。原因是他两次提出技改方案均未被采纳。他感觉被忽视，但他又不愿主动找领导沟通，反而开始有意疏远领导。终于有一天因为工作上的小事和领导发生争执，愤而辞职。

不久，崔凯找到了新工作，跃跃欲试，准备在新的舞台上大展身手。但是，他的问题解决了吗？如果崔凯和新单位的领导关系依然很紧张，难道还要另觅他处？

小李聪明能干，技术过硬，领导研究后决定提拔他为项目经理。但时间不长，他负责的项目组成员纷纷找领导要求调离项目组，甚至有人扬言：不给调整，就离职。这让领导颇感为难。后经了解发现，小李技术上确是一把好手，但与团队成员相处不融洽。自认专业一流，喜欢“一言堂”，小组讨论时，如有团队成员提出新的想法或有不同意见，常常被他粗暴打断；员工在工作上有些小失误，他不是悉心指导而是冷嘲热讽，使员工的自尊心受到打击。员工要求调整岗位也是无奈之举。只可惜，小李技术出众，却成了孤家寡人……

李莉性格开朗，爱开玩笑。起初大家都喜欢和她一起聊天，说说心里话。但时间长了，大家发现她总爱背后说“悄悄话”，喜欢议论同事长短，成了散布“八卦”“小道消息”的中心人物。后来，同事们表面看起来和往常一样跟她嘻嘻哈哈，但是谁也不敢和她讲真心话了。眼看同时进入公司的小伙伴纷纷升职加薪，可她依然在原地不动……

一、人际交往能力的重要性

人际关系是指人们在共同活动中彼此为满足需要而建立起的心理关系。

可以说，人际关系是与人类起源同步发生的一种极其古老的社会现象。人是社会性的动物，人与社会，人与组织，人与人都存在着相互依存、相互作用、相互影响的关系。研究表明，人际关系对人的身心健康、事业成功与生活幸福有着重要影响。

心理学家爱德华·桑代克于1920年首次提出“社交商”的概念。他认为“社交商”对许多领域的成功都是必不可少的。后来美国心理学家丹尼尔·戈尔曼在情商理论的基础上，对“社交商”进行了深入的研究，他把社交能力分为两类：社交意识和社交技能。在其出版的《情商2——影响你一生的社交商》中对“人际关系”进行了明确的阐述。他指出社交商已成为衡量我们生存能力的一项基本指标。认为我们与他人的关系影响着我们的智力，并对我们生活的诸多方面产生着影响。有人认为，此书的出版意味着揭开了人际关系的新科学。

在职场流行着这样一句话：“智商”决定是否录用，“情商”决定能否升迁，那么“社交商”将影响你在职场内外的生活质量。此话虽有些偏颇，但也说明了人际关系管理的重要性。

在对职场压力的调查中，“人际关系紧张”成为职场压力源之一，给很多上班族造成困扰。人在职场，人际关系处理得当，会感到自在、轻松、有安全感。但实际上自始至终保持“融洽”的人际关系很难做到。工作中难免会有不同的观点，从而产生分歧和矛盾。这就需要我们做出努力，调整自己的态度和行为，掌握人际交往的方法，改进人际关系现状，促进人际和谐。

建立良好的人际关系是人类生存发展的第一本领。马克思曾说：人是各种社会关系的总和，每个人都不是独立存在的，他必定存在于各种社会关系之中。人是社会性动物，大部分时间都是与人一起度过的。工作时更是如此，建立和谐的人际关系可以促进工作的顺利开展。

人际交往是接收社会信息，交流信息的重要途径。当今是一个信息快速更迭的时代，获取信息、分析信息、运用信息的能力对职业发展至关重要。而通过人际交往，人们可以主动传递和交流信息，扩大信息范围，开阔视野，也为更好地利用信息创造条件。

人际交往能力是取得事业发展的本领之一。孔子在《礼记·学记》中说：

"独学而无友，则孤陋而寡闻。"意思是说，如果学习中缺乏朋友之间的交流切磋，会导致见识短浅。与人交流思想，传递信息，可以拓展视野、丰富知识，还可纠正自己的失误、促进自己进步，这些都需要人际交往能力。

无论你多么有才华，具备多么优秀的天赋，如果不能与人交流，即无法传达你的观点和思想，也不可能获得别人的理解和支持。如果得不到别人的理解和支持，想要取得事业的成功几乎是不可能的。良好的人际交往能力可以帮助你融入团队，更好地发挥自己的聪明才智。

二、培养人际交往能力的方法

人际交往的前提是信任。信任是相互的，赢得信任虽无特别的方法，但在人际交往中还是需要把握一定的原则和技巧。

（一）人际交往的原则

1. 双赢的原则

人际关系有下列几种常见的类型：利人利己型；损人利己型；损己利人型；独善其身型和两败俱伤型。双赢原则就是指交往中双方的互惠互利，也就是利人利己。只有一方获得好处的人际交往是不会维持长久的。"来而不往，非礼也"（《礼记·曲礼上》），交往双方受益，人际关系才能和谐长久。尤其要注意的是两败俱伤的交往方式，伤人害己，实不可取。

2. 真诚的原则

以诚为本。真诚是中华民族的传统美德，是做人的基本要求，也是人际交往的基本原则。以诚相待，才能够相互理解和信任。在人际交往中，要胸襟坦荡，言行一致；要说实话，办实事，做老实人。切忌虚情假意，耍小聪明。

3. 守信的原则

守信是为人处世之本。做人要讲求信用，遵守诺言。言必行，行必果。不要轻易做出承诺，只要承诺，就要"守信"。对同事提出帮助的请求，要根据实际情况做出答复，不可信口开河，许诺空头支票。答应的事情，要想方设法完成。如果经过努力，没有完成，要实事求是说明情况，以得到同事谅解。

4. 分享的原则

学会分享，敞开心扉。我们常说“交人要交心”。如果是“逢人只说三分话”，难免让人产生距离感。“自我暴露”在心理学上有一个专业词汇，是指个体把有关自己的个人信息告诉他人，与他人共享自己内心的感受和信息。心理学家认为，每个人心里都存在四个区域：开放区域——自己了解，别人也了解的（你知我知）；盲目区域——别人了解、自己却不了解的（你知我不知）；秘密区域——只有自己了解、从未向人透露的（个人隐私）；未知区域——自己和别人都不了解的（个人潜能）。人际关系能否健康发展，很大程度上取决于各人“自我暴露”区域的大小。

随着交往的深入，人们会彼此分享更多的个人信息。“开放区域”逐步扩大，“秘密区域”渐渐缩小。这也是让对方更了解自己，打开心扉的过程。人与人的交往常常是相互的，你向对方敞开心扉，也会得到对方积极的回应。也就是对别人开放的区域越大，可以获得对方相近水平的开放区域，这样交往才能顺利进行。所以，想获得别人的信任，要有分享的态度和开放的心态。

5. 包容的原则

首先，要具备包容之心。对同事要宽容，“己所不欲，勿施于人”（《论语·颜渊篇》）。要大事清楚、小事糊涂，严于律己、宽以待人，不要在小事上斤斤计较。久而久之，自然会在同事中树立起良好的信誉，加深彼此的感情。

其次，要做到包容不同的观点。坚持自己的观点，不一定要以压倒对方的观点为前提。对于不同观点先不要急于反驳，设身处地地想一下：为什么别人会与自己的观点不同？坚持，但不固守；有观点，但不固执。适当地做出让步，给对方也是给自己一个台阶下，这样更容易达成共识，赢得尊重。

另外，同事之间，工作上难免发生一些小矛盾。即便自己没做错什么，也主动说一些表示歉意的话，比如：“刚刚说话有点急，别在意啊”或“上午不太冷静，现在想想你说得很有道理”等。当天的误会或矛盾最好当天解决，问题积压更难以处理。主动道歉，缓和矛盾，有助于维护人际关系的稳定与和谐。

6. 平等的原则

人与人交往要平等相待，相互尊重。在社会里，只有社会分工不同，没有高低贵贱之分；在工作中，不论职位高低，岗位差异，人人平等，不存在等级观念。不要因为你学历高就趾高气扬，也不要因为自己资历浅而自卑。

（二）人际交往的技巧

1. 赞美

适时的赞美，会营造一个良好的氛围，使对方感到愉悦，拉近与同事之间的距离。当听到别人有好消息或受到奖励时，要在第一时间送出你的祝福和称赞。首先，赞美要发自内心，要真诚，不要虚情假意，敷衍了事。其次，赞美要自然，不夸张，不做作，更不要“明褒暗贬”，表面上“夸赞”别人，实际上为了抬高自己。此外，还要注意赞美要适度，恰到好处即可。

2. 欣赏

渴望得到欣赏，是人的本性。当你用欣赏的眼光看待别人时，会发现你的同事、上级身上都有令你佩服、值得你尊重的闪光之处。当你真正地去欣赏和尊重他人，别人也同样会欣赏和尊重你。你的人际关系也就会变得和谐顺畅。如果在工作中能够相互欣赏和尊重，那么，这个团队凝聚力就会提高，团队氛围就会其乐融融。

3. 尊重

渴望得到尊重是人的一种心理需求。人人都希望得到他人的尊重，希望自己的价值得到肯定。要学会尊重他人，尊重他人的感情，尊重他人的劳动和工作上的辛苦付出。不仅要尊重领导和上级，也要尊重同事和身边的所有人；尊重不仅体现在语言上，也反映在行动中。尊重是相互的，尊重他人也会得到他人的尊重。

4. 幽默和自信

幽默是社交的润滑剂，具有幽默感的人更讨人喜欢，爱自嘲的人显得更为豁达；遇事有主见，充满自信的人容易取得别人的信任，使别人产生与之交往的意愿。

三、人际交往中需要注意的问题

（一）不要在“八卦”上浪费时间

俗话说，有人的地方就有“八卦”，工作场所亦然。

相信不少人会遇到这样的困扰：跟同事来往密切，会被说成私下搞“小团体”；跟上级来往近些，会被认为“巴结”领导；因工作努力被提拔重用，有人猜测是否给领导送了礼；男同事对女同事在工作上提供帮助，会被认为关系“暧昧”。心理学家认为“八卦”是人性根深蒂固的一部分，无论如何是挡不住的。企业的茶水间、更衣间、吸烟区、卫生间被认为是“八卦”的集中区域。“八卦”的内容最多的是“男女感情、职位变动、薪酬福利、与上级的关系”等。一种情况是有些人心态消极，工作太“闲”，通过聊“八卦”打发时间；另一种情况是职场压力大，通过探听“小道消息”，和同事聊聊别人的“秘史”来缓解压力。

同事之间适度的玩笑能增进感情，无伤大雅的“八卦”成为同事感情的“润滑剂”。但对恶意中伤、人身攻击、抹黑他人的流言，要坚决抵制。所谓流言止于智者，明智的人不仅懂得明辨是非，还能闭上嘴巴，不做谣言的传播者。

谣言是一种猜测或某些人有目的“臆想”出来的，不管是非对错，总归非本人意愿，不是当事人主动公开的事情。只要是未被证实的消息，都要小心对待，哪怕对方讲得再“合情合理”，也不要加入传播者的队伍。

（二）避免成为职场“毒舌”

“跟你讲过几遍了，还学不会，亏你还是大学毕业！”

“就你干活慢，拖大家后腿，让大伙陪你加班，也好意思？”

“你看看小王，再瞅瞅你。你怎么这么笨啊！到底让我说几遍你才能听懂？”

“这么简单都做不好，还能做什么？”

“王姐，这件衣服好漂亮哦！不过，鞋子不搭哦，看上去好丑！”

“你听听，张姐又在‘显摆’她儿子了，不就是考上重点高中了吗？成天瞎嘚瑟！”

或多或少，我们都听到过这样的言论。有些人讲话尖酸刻薄，冷嘲热讽，舌头上带刺，有意无意扎人一下，被称为“毒舌”。这些人是本身带着负面情绪而不知，“习惯”了“挖苦人”；还有一些人仗着是公司的“老臣”，为了彰显自己的优势地位，就挑三拣四。语言暴力好比“软刀子”扎人，虽然看似不着痕迹，但字字犹如刀刺在身上，不知不觉中给对方造成心理伤害。职场的语言暴力，会造成人际关系紧张，影响团结，破坏团队凝聚力，降低工作效率。

我们了解了语言暴力的危害，在职场中应该加以注意。

第一，不要使用过激的语言，尤其公开场合要给对方面子，勿使对方下不来台。

第二，注意肢体语言，要和颜悦色，切忌阴阳怪气，表情冷漠和目光鄙夷，引起对方不快和反感。

第三，同事请教问题或请求帮助，要耐心指导，不要怠慢或摆出“臭脸”，使对方难堪。

第四，新员工刚刚进入公司，需要学习和适应。老员工对新员工应该生活上多关心，工作上多指导，而不是处处“挑刺”，更不应该有意疏远或孤立。新员工应尊重老员工，不要因为自己年轻就“口不择言”。

（三）严守同事秘密

小闫和小周同一年进入公司，虽然不在一个部门，但私下关系很亲密，是无话不谈的好姐妹。小周是一位敏感的女孩，工作认真努力。她最近听同事私下议论，说今年升职名额不多，她没有入选。为此心情低落，难免把心中的苦恼跟小闫倾诉一番。有一天，小闫偶然看到小周在浏览招聘信息，联想到小周工作不顺，想当然地认为小周要跳槽了。午休时，同事们围在一起聊天，她无意中说出小周要跳槽的消息。随后，大家都知道小周要跳槽了。其实小周只是随便浏览招聘网站，本无意跳槽，而且领导已经找她谈话，关于升职的事情正在考核中，还未确定最终人选，让她不要有思想包袱。所以，她听到大家的议论既尴尬又气恼。

小闫把自己的“想象”当成事实，并且没有管住自己的“嘴巴”，由于自己“无心”的一句话，给朋友带来困扰。因为这件事，小闫和小周的关系出现了裂痕。而且大家都知道了小闫是“大嘴巴”，谁也不再和她说心里话了。

在职场，要学会“管住嘴巴”，正所谓“祸从口出”。严守同事秘密是基本素质，特别是如“薪资福利”“职位升迁”“调岗跳槽”等比较敏感的事情，更不要私下议论。另外，不炫耀和披露同事隐私，更不要依据自己的臆想来推测对方如何如何。

第五节　情绪管理能力

情绪智力对工作绩效的影响

研究对象：本研究的对象是来自一家外资电信类企业的287名员工，年龄在20~45岁。

本研究表明，情绪智力高的员工能够获得较高的工作绩效。这与“高情绪智力对于员工任务绩效和关系绩效有贡献”的说法一致。

1. 情绪智力高的员工，完成任务和处理人际关系的能力强

明智地利用情绪，可以使认知决策更准确，更好地吸收信息做判断并创造性地解决问题；情绪智力高的个体更倾向于采用考虑别人的和适应社会的方式行为，从而容易适应环境，建立广泛的协作关系。所以，情绪智力高的员工绩效水平高。

2. 情绪智力高更容易赢得客户满意

无论是对直接面对客户的销售人员、技术服务工程师还是为内部员工提供支持的财务人员、人力资源顾问，客户满意度都是组织评核绩效的重要指标。实现客户满意就要理解和满足客户需求。情绪智力高的员工可以感同身受地理解客户真正的需求，站在客户的角度考虑问题，为客户解决难题。当他们碰到来自客户投诉、挑战和压力时，能控制自己的情绪，保持积极情绪面对困难，比起情绪智力低的员工，更容易赢得客户满意并保有客户的信任。

3. 情绪智力高有利于员工适应组织变革

在不断变化的组织中，员工在工作中会碰到很多模糊性和未知性。组

织结构及工作习惯的改变使员工感受到不适应、挫败和无助。在这类情况下，高情绪智力的员工更善于表达自己的感受，与别人分享情感体验，从他人那里得到帮助，从而能调整自己的情绪，激励自己更快地投入工作中。适应高速的变化也是高绩效的重要表现。

4. 不同的情绪智力成分对绩效的影响并不相同

其中“情绪功能”和“情绪理解”对员工工作绩效影响显著。相比之下，“情绪识别”和“情绪利用”对工作绩效的影响小。

在不断变化的组织结构和业务扩展中，员工需要不断地承担新角色，接触新的合作伙伴，适应变化的环境和工作要求。因此，了解组织中的人及被期望的角色行为就显得格外重要。“情绪理解”高的个体能够清晰地感知来自新环境中同事和领导的情绪，理解他人的行事方式，体会他人行为所表达的意思，从而对环境要求特别是别人对自己所从事的工作角色的期望做出准确判断，进而采取符合要求的适应性行为，同时，“情绪理解”高的员工能够感受到自己的行为对他人的含义，利用这些信息调整自己的行为，做出对他人适宜的反应，能更快、更融洽地融入组织，承担工作角色，实现高绩效。

资料来源：童佳瑾、王磊、解雪：《中国人力资源开发》，2008 年第 2 期，第 90 ~ 94 页（有删节）

一、情绪管理能力的重要性

人皆有喜怒哀乐，七情六欲。现实生活是丰富又复杂的，有美好也有阴暗，有善良也有丑陋。所以，面对生活，我们时而愉悦，时而焦虑；有时心花怒放，有时悲痛伤心。在工作中，在职场上，我们同样会面临荣辱、得失、竞争、选择。得到领导的认可和表扬，我们会开心喜悦；因工作失误受到领导批评，我们会内疚和不安；遇到同事的误会，我们会气恼和委屈；遭到职场的不公平待遇，我们会愤怒和焦虑。这些欢喜、愤怒、悲哀、憎恶、焦虑等就是情绪的不同表现形式。

（一）什么是情绪？

究竟什么是情绪呢？情绪是心理学的研究领域之一。心理学家自 19 世纪以来进行了长期深入的研究，对情绪的含义提出了不同的观点和看法。但由于情绪的复杂性，迄今为止还没有得出统一的结论。从字面上理解，情绪是人从事某种活动时产生的兴奋心理状态。

“詹姆士－兰格理论”主张：当身体产生（生理）变化时，我们感受到这些变化，这就是情绪。他的理论被称为早期情绪理论。丹尼尔·戈尔曼认为：情绪指情感及其独特的思想、心理和生理状态，以及一系列行动的倾向。当前比较流行的看法是：“情绪是以个体的愿望和需要为中介的一种心理活动。当客观事物或情境符合主题的需要和愿望时，就能引起积极的、肯定的情绪和情感。如渴求知识的人得到一本好书会感到满意；生活中遇到知己会感到欣慰；看到助人为乐的行为会产生敬慕；找到了志同道合的情侣会感到幸福。当客观失误或情境不符合主体的需要和愿望时，就会产生消极、否定的情绪和情感，如失去亲人会引起悲痛，无端遭到攻击会产生愤怒，工作失误会出现内疚和苦恼等。由此可见，情绪是个体与环境间某种关系的维持或改变。”①

情绪分为基本情绪和复合情绪。基本情绪是先天的，复合情绪则是由基本情绪的不同组合派生出来的。情绪的分类形式虽然很多，但一般认为人有四种基本情绪——恐惧、愤怒、悲伤、喜悦（加利福尼亚大学旧金山分校心理学家保罗·艾克曼研究证实人有四种基本情绪）。由基本情绪派生出来的复合情绪则有上百种之多，关于情绪分类依旧在研究探讨中。情绪的分类参见表3－3。②

表3－3 情绪分类

愤怒	狂怒、暴怒、怨恨、激怒、恼怒、义愤、气愤、刻薄、生气、易怒、敌意等。最极端的表现为变态的仇恨和暴力。
悲伤	忧伤、歉疚、沉闷、阴郁、忧愁、自怜、寂寞、沮丧、绝望等。病态表现为严重抑郁。
恐惧	焦虑、忧虑、焦躁、担忧、惊恐、疑虑、警惕、疑惧、急躁、畏惧、惊骇、恐怖等。病态表现为恐惧症和恐慌。

① 彭聃龄．普通心理学．北京师范大学出版社，2004：364.

② ［美］丹尼尔·戈尔曼．情商．中信出版社，2010年版，附录部分．

续表

喜悦	幸福、欢乐、欣慰、满意、极乐、快乐、可笑、自豪、感官愉悦、兴奋、欣喜、享受、满足、欣快、癫狂、狂喜等。极端表现为狂躁症。
喜爱	认同、友爱、信任、仁慈、亲和、亲切、热切、倾慕、迷恋、圣爱。
惊讶	震惊、惊奇、奇妙、惊叹。
厌恶	轻蔑、鄙视、蔑视、憎恶、嫌恶、讨厌、反感。
羞耻	内疚、尴尬、懊恼、悔恨、后悔、屈辱、悔改。

（二）什么是情绪管理能力

1990 年心理学家约翰·梅耶和彼得·萨洛维第一次在文章中提出“情绪智力”的概念，1995 年美国哈佛大学心理学教授丹尼尔·戈尔曼在他们的基础上对情商理论进行了系统的研究，写出了《情商》一书。情商就是指情绪管理能力。约翰·梅耶和彼得·萨洛维总结了情商包含的五个方面，戈尔曼对此进行了延展和具体说明，包括以下五个方面：①

第一，了解自身情绪的能力。

第二，妥善管理情绪的能力。

第三，自我激励的能力。

第四，识别他人的情绪的能力。

第五，管理人际关系的能力。

（三）情绪管理能力的重要性

每一个正常的人都有情绪，情绪受到生理、心理、环境、社会诸多因素的影响。并且情绪对人们的生活和工作都会产生影响。

1. 情绪管理不当影响身体健康

情绪对身体的影响显而易见。研究证实，情绪不稳定会危害健康。慢性焦虑、长期抑郁和悲观、持续紧张或不满、愤世嫉俗或多疑的人，患病风险是常人的两倍。三大负面情绪——愤怒、焦虑、抑郁对医疗效果的负面影响

① ［美］丹尼尔·戈尔曼．情商．中信出版社，2010 年版，导读 1.

非常明显。愤怒是对心脏危害最大的一种情绪。

如果消极情绪是短暂的，有时还会带来积极作用，因为人经受这种情绪，会更加努力克服困难，争取目标的实现。但要防止消极情绪持续产生，防止长期性和“固定化”。长期的消极情绪会给身体和工作带来负面的困扰。

积极情绪包括兴趣、快乐、期望、愉快、自豪、希望、爱、满足等。相较于消极情绪对健康的负面影响，积极情绪则带来正面的影响。例如，在关于接受动脉搭桥手术的研究中，乐观者相对于悲观者康复更快，而且术中和术后医疗感染更少。积极情绪给人带来愉悦感受，能提高人的积极性和活力。

由此可以看出，情绪管理影响身体健康。

2. 情绪管理不当给工作带来负面影响

情绪对工作有直接的影响。有一项研究结果显示：护士情绪稳定时对静脉穿刺效果明显好于不稳定时。情绪稳定时穿刺的一次成功率为 91.7%，情绪不稳定时穿刺的一次成功率为 68.3%。因此，护士的情绪与护理质量有着密切的关系。

从“情绪智力对工作绩效的影响”这个案例可以看出，情绪智力高的员工，绩效水平更高，处理人际关系的能力更强，能够站在客户的角度考虑问题，感同身受地理解客户真正的需求，赢得客户满意。此外，情绪智力高的员工更容易适应组织变革。

清华大学吴维库教授认为：智商高，情商也高的人，春风得意。智商不高，情商高的人，贵人相助。智商高，情商不高的人，怀才不遇。智商不高，情商也不高的人，一事无成。一个人的成功遵循 20/80 法则，即 20% 取决于智商，80% 由其他因素决定，其中更重要的是情商。

情绪管理能力对每一个人都非常重要。情商高的人看问题更加客观，处理问题时更加理性，尤其在遇到挫折或失败的打击以后，能够很快地从失败的阴影中摆脱出来，总结教训，冷静面对，重新出发。因此，情商高的人往往更容易取得事业上的成功。

二、提升情绪管理能力的方法

情绪千变万化，丰富多彩。情绪的发生是很自然和正常的事情。当情绪出现时，应该学会管理好自己的情绪，做情绪的主人，积极面对，不要让情绪控制着我们；要学会体察自己的情绪，适时地表达情绪，而不是一味地压抑情绪。这样有助于我们更有效地处理情绪。

（一）做情绪的主人

1. 了解自己的情绪

我们有时愉悦，有时悲伤，有时焦虑，有时兴奋，这些都是正常的表现。情商高的一个重要标志就是能觉察自我情绪的变化，并根据客观环境积极主动地调适自己的心理，判断情绪的影响并做出合适的行为反应。心理学家约翰·梅耶称为自我意识。自我意识就是意识到自身的情绪以及自身对该情绪的想法。例如，“我生气了”“生气对我不好”“在这种情境下我不该生气”。

了解自己的情绪，可以帮助自己迅速化解不好的情绪，是我们进行情绪管理非常重要的一步。情商的高低正是从自我情绪的觉察开始的。

2. 接纳自己的情绪

了解自己的情绪以后，有两种处理方法：被动处理，任由情绪蔓延；主动处理，使自己的情绪受控。

第一种方式是当受到外界刺激以后，不考虑环境是否合适，立即采取反应行为。比如，有人骂他一句，他立刻回敬两句；进行工作讨论时，有人提出不同意见，他立刻变脸或极力维护自己的观点；其他人在陈述不同观点，他表现出不耐烦甚至立即打断；遇到不顺心的事情，唉声叹气，连续几天都是阴云密布，无精打采。这些都是对自身情绪不够理智的表现。虽然事后有些人会察觉到自己的做法不对，认为自己的做法不妥当，感到后悔。但遇到相同的事情还是不能控制自己，又采取和以前一样的行为模式。

第二种方式是在遇到外界刺激之后，并不是马上做出回应，而是有意识地告诉自己要冷静，先对发生的事情进行理智的判断和思考，考虑该如何处理眼前的事情，思考以后再做出反应。例如，同事因为误会对他发脾气。如果他立刻“以牙还牙”，也同样大发脾气，势必扩大矛盾，使误会加深，或引起更大的冲突。可以采取“冷处理”的方式，先不做回应，等同事火气消了，再耐心做解释。这样不仅能够化解矛盾，解除误会，还能在同事中树立威信，促进人际关系更加和谐。

美国密歇根大学心理学家南迪·内森的一项研究发现，人的一生平均有十分之三的时间处于情绪不佳的状态，因此，人们常常需要与那些消极的情绪做斗争。好在情商和智商不同，情商可以通过后天习得。我们要学做情绪的主人，了解自己的情绪，诚实面对自己的情绪，接纳自己的情绪，控制自己的极端情绪，在情绪波动时避免做重大决定。假如是不良的情绪，问问自己原因是什么？这种情绪有什么消极后果？应该如何控制？而不是让情绪控制我们的行动，控制我们的生活。

有的人认为：人不应该有情绪，也不肯接受自己的负面情绪。这种观点是片面的。人都是有情绪的，不管是什么情绪，都要接受，过度压抑和节制情绪反而会带来更坏的结果。

3. 将个人情绪与工作分开

心理学上著名的“踢猫效应”是这样说的：一位父亲在公司受到了上司的批评，回到家对正在沙发上玩耍的孩子臭骂了一顿。孩子莫名挨骂，心里窝火，就朝身边打滚的猫狠狠踹了一脚。猫逃到街上正好一辆汽车开过来，司机赶紧避让，却把路边的孩子撞伤了。“踢猫效应”，描绘的是一种典型的坏情绪的传染。

我们试想一下，这种情况在工作中也会发生：某公司生产部经理早晨开车上班途中，担心迟到便超速驾驶，结果被警察开了罚单，经理心情糟透了。来到办公室后，还为警察罚款的事情气恼。这时车间主任前来请示工作，经理遂找理由将车间主任批评了几句。车间主任带着怨气回到车间，恰巧车间内勤来报送生产统计表，于是车间主任将气撒在统计员身上，拿着报表挑三挑四，将统计员训斥一顿。统计员既气恼又委屈，憋了一肚子气，情绪低落，无心工作……

在竞争激烈的现代社会，无论领导还是普通员工都面临着巨大的生活工作压力。领导会面临提高绩效、团队融合、高强度工作等压力，员工会面临业绩达标、人际关系、职业升迁等压力。这种紧张很容易导致人们情绪的不稳定，一点小事就会使自己烦恼、愤怒起来，如果不能及时调整就会身不由己地加入“踢猫”的队伍当中——被别人“踢”和去“踢”别人。

从上述“踢猫”发生的起因来看，首先是领导的责任，因为领导没有调整好自己的情绪，将自己的负面情绪带到工作当中。并将这种负面情绪“传染”给下属。下属“接收”了这种坏情绪，满怀怨气，影响工作热情。

作为领寻，在工作中要注意管理自己的情绪，避免成为“踢猫效应”的责任者。在受到来自内外各个方面的影响时仍能保持平和的心态，面对复杂、突发状况时能够从容不迫，冷静面对；要真诚、宽容，不随意迁怒于他人，切勿将负面情绪带入日常管理工作中，否则就会阻碍日常工作的顺利开展，降低工作效率，影响员工的士气和凝聚力。另外我们看到，有些员工在受到批评之后，不是冷静下来想想自己为什么会受批评，而是心里面很不舒服，总想找人发泄心中的怨气。这是不能接受批评，无法正确对待批评的表现。受到批评，心情不好这可以理解。但受到批评之后也加入“踢猫”的队伍，不仅于事无补，反而给其他人造成困扰，容易激发更大的矛盾。作为下属，学着换位思考，体会领导工作的辛苦，理解、尊重领导，避免成为负面情绪的传递者。

在工作中要学会将个人情绪和工作本身分开，不要将个人情绪带到公司。避免像“踢猫”的经理一样，把因为“警察罚单”而产生的坏情绪带到公司里，引发一系列的事故。不带个人情绪地去工作，也是职业化的表现之一。

（二）体察他人的情绪

能够体察他人情绪是高情商的一种表现。善于体察他人情绪的人，能够根据他人的语言、语气、语调、行为等因素，识别他人的情绪，并能站在他人的立场上，来思考问题，与他人在情绪上产生共鸣，从而赢得他人的信任。怎样体察他人情绪，我们不妨从两方面着手。

1. 学会“察言观色”

“察言观色”一词出自《论语》，指观察别人的说话或脸色，揣摩别人的心意。我们在沟通时，有 7% 的效果来自说话之内容，38% 取决于声音（音量、音调等），而有 55% 取决于肢体语言（面部表情、身体姿势等）。所以，在解读他人心意时，重要的不只是他说了些什么，更要紧的是他怎么说。

心理学家在研究人类交往活动中的信息表达时发现，表情起到了重要的作用，表情甚至比言语更能显示情绪的真实性。表情可以分为三类：面部表情、姿态表情和语调表情。

面部表情是指通过眼部肌肉、颜面肌肉和口部肌肉的变化来表现各种情绪状态。是情绪的外在表现形式之一。如高兴时会"眉开眼笑"，憎恨时会"咬牙切齿"，悲伤时会"泪流满面"，紧张时会"张口结舌"。人们在交往过程中，言语与表情经常是相互配合的。同是一句话，配以不同的表情，会使人产生完全不同的理解。也就是说，对方表达的"信息"是同样的，但是因为表达表情不同，所以带给你的感受是不一样的。所谓的"言外之意""弦外之音"就更多地依赖于表情的作用。面部表情识别的研究还发现，最容易辨认的表情是快乐、痛苦，较难辨认的是恐惧、悲哀，最难辨认的是怀疑、怜悯。一般来说，情绪成分越复杂，表情越难辨认。同一种面部表情会被不同文化背景下的人们共同承认和使用，以表达相同的情绪体验。有七种表情是世界上不同文化背景的人们都能精确辨认的，它们是快乐、惊讶、生气、厌恶、害怕、悲伤和轻视，参见表 3－4。①

表 3－4　不同情绪的面部模式

情绪	面部模式
兴趣	眉眼朝下、眼睛追踪着看、倾听
愉快	笑、嘴唇朝外朝上扩展、眼笑（环形皱纹）
惊奇	眼眉朝上、眨眼
悲痛	哭、眼眉拱起、嘴朝下、有泪有韵律的啜泣
恐惧	眼发愣、脸色苍白、脸出汗发抖、毛发竖立
羞愧—羞辱	眼朝下、头低垂
轻蔑—厌恶	冷笑、嘴唇朝上
愤怒	皱眉、眼睛变狭窄、咬紧牙关、面部发红

姿态表情分为身体表情和手势表情两种。姿态表情是由人的身体姿态、动作变化来表达情绪。如高兴时手舞足蹈，成功时趾高气扬，紧张时坐立不安等。手势可以和言语一起使用也可单独使用。手势是后天习得的，而且不同文化中，统一手势表达的含义可能截然不同。如竖起大拇指在许多文化中是表示夸奖的意思，但在希腊却有侮辱他人的意思。

语音语调表情是通过声调、节奏变化来表达情绪的。语音的高低、强弱、

① 彭聃龄．普通心理学．北京师范大学出版社，2004：383.

抑扬顿挫等都是表达情绪的手段。如高兴时声音明亮清脆、悲哀时声调低沉、惊恐时尖叫、气愤时语调升高等。

有时无须言语，通过表情就能察觉人的情绪。因此学会“察言观色”是职场高情商的表现。

2. 具有同理心

同事小王本月未完成公司制定的绩效指标，在班组会上受到领导点名批评，为此小王情绪消沉，整日无精打采。

遇到这种情况，你如何处理？你又该如何安慰你的朋友和同事呢？

同理心是心理学上的概念，即了解他人感受的能力。同理心就是将心比心，关怀他人，站在当事人的角度去了解、去感受、去接纳。英国谚语说：要想知道别人的鞋子合不合脚，穿上别人的鞋子走一英里。表达的就是这个意思。

哈佛大学心理学家罗伯特·罗森塔尔设计了测试同理心的非语言敏感性测验，美国及其他 18 个国家的 7000 位人士参与了这个测验。结果表明，能够根据非语言线索理解情绪的好处包括：更善于调节情绪、更受人欢迎、更加外向和更加敏感。一个人如果缺乏同理心，就不会感受到别人的痛苦，对别人的痛苦视而不见，往往表现的冷酷无情。

从同理心的表现上由浅入深分为两个层次：

表层的同理心是能够从别人的角度思考问题。倾听对方的想法，了解对方的信息，工作上尽量满足对方的需要。

深层次是指将心比心。真诚地与人沟通，理解和接纳对方的感受，包容对方的想法，重要的是理解、分享对方的情感，对他人的处境感同身受，在感情上产生共鸣。譬如，上文所说的小王因业绩不佳受到领导批评，在工作中遭遇挫折之时，我们要给予同情，乐于同他人分担其痛苦的情绪，而不是幸灾乐祸。当同事被评为企业模范员工时，我们要由衷地赞美，同他一起分享当选后的快乐情绪，而不是冷漠视之。这是获得他人信任的一个重要方法。

三、正确对待职场压力

戈尔曼·丹尼尔在《社交商》一书中对“压力与工作表现”进行了很好的阐述，有助于我们了解压力与工作的关系。他认为某项任务的困难程度是我们通过努力可以克服的，那么我们会充满动力，注意力也会高度集中，从而达到认知表现的高峰。越过这个认知表现的顶点之后，挑战的难度开始超出我们的能力范围，而这时如果任务的难度加大，挑战越来越严峻的话，这种挑战会腐蚀我们的理性思维能力。简单地说，压力会随着挑战的变化而变化，压力非常小的时候，人们会产生厌倦或者漠不关心的心态。挑战的升级会提高人们的兴趣、注意力和动力。这些因素达到顶点时，人们的认知能力和成就也都会达到高峰。当持续升级的挑战超出我们能力可以控制的范围之后，人们会感觉到持续的压力。当压力达到最大值，我们的表现和学习能力就会崩溃。

近段时间王师傅茶不思饭不想，本来话就不多的他更加沉默寡言了。起因是三个月前的岗位竞职。对外说他是主动“让贤”，从维修组组长的位子上退下来。竞职成功的正是他带出来的徒弟。说是“让贤”，不如说是王师傅迫不得已的选择。

王师傅今年53岁，20岁进厂学习设备维修，已经30多个年头。当年只有400多人的小工厂，如今发展成为上万人的集团公司。想当年，王师傅也曾经风光过。20世纪90年代，公司第一次引进德国的设备，为了掌握设备的操作和维修技术，公司选拔十名员工赴德学习，他是其中之一。他清楚地记得，在工友们“艳美”的注视下，他穿上公司定制的崭新的西服，第一次乘坐飞机，第一次走出国门。学成以后，王师傅受到格外的重视。因为他是公司唯一会修理这两台进口设备的人。公司特意安排了两名年轻人跟他学习，王师傅毫不保留地将从德国学到的知识传授给他们。

不料，情况发生了变化。公司接连建了分厂，新人一拨接着一拨，设备越来越先进，电气化设备有些需要电脑操控，王师傅觉得跟不上趟了……尤其是这次班长的头衔也被徒弟取代了，他心里很不是滋味，感觉到从未有过的压力。退休吧，还不到时间，转岗他也曾考虑过，可是又能干什么呢？除了设备维修外自己身无所长。徒弟为了照顾他，每次分配任务都给他最轻省的活干，而大部分时间他无事可做。他觉得越来越不受重视，成了班组里的“边缘人”。整日担心同事“小瞧自己”，和同事的关系也变得紧张起来。平时不爱饮酒的他开始借酒浇愁……

每位职场人士都面临着工作压力问题。在工作中，如果压力过大，超出人们的承受能力，就会丧失对工作的兴趣和热情，表现出低落、失望、沮丧等情绪，而这种情绪会传导给周围的人，导致人际关系紧张和工作效率低下。所以，要正确认识压力，学会用合适的方法纾解压力。

（一）正确认识压力

压力具有两面性。“人无压力轻飘飘”，适当的压力能够刺激人的身体和头脑，使人感到精力充沛，增强自信心。如果压力能够保持在可控制的水平，它将激励你做出高质量、高绩效的工作。接受压力并很好地驾驭压力能促使你发现自己的能力，提高自我肯定的程度，对自己更有信心，也更愿意冲击下一个更高的目标。经历一段压力下的生活，回想自己是如何处理好压力的，多给自己表扬和鼓励，以后若有压力来临时，回忆一下“压力变动力”带给你的成就感，有助于你接受压力并保持高度的自信。

压力要适度而不能过度。压力过度，轻者，会使人们产生职业倦怠，影响工作，导致工作效率下降；重者，会使人们焦虑烦躁，抑郁不安，患上心理疾病。如果长期处于高压之下，就有可能导致高血压、心脏病等疾病的发生，对人体造成伤害。

（二）学会承受压力

压力是生活和工作的一部分。有人说，现代职场就好比一个“压力锅”，压力来自方方面面，工作本身的压力、人际关系的压力、职场升迁的压力等，而你我都身处其中。这就要求我们，以积极的心态面对压力，懂得如何转化压力，将压力变成工作的动力，从工作中发现自己的价值，看到自己的成长和进步，从被动工作转变为主动工作，享受工作带给我们的成就感。

（三）学会纾解压力

在感到压力负荷过重时，要学会纾解压力。

1. 找到压力源

分析压力的来源，是与领导沟通不畅，还是公司制定的目标任务太高而自身的能力不足，抑或是感到职业上升空间有限等。找出压力的源头，着手解决。如果是沟通问题，可以主动找领导敞开心扉，打开心结；如果是自身能力不足，可以在业余时间学习专业知识，提升自己的专业水平；如果是职业上升空间问题，可以给自己制定合理的职业规划，找出职业生涯的成长路径。从源头上解决是缓解压力的基础。

2. 调整心态

面对压力，消极和逃避的态度只会使自己陷入更大的“麻烦”。只有调整心态，积极地面对，对压力的产生进行正确、客观的分析，才能找到解决问题的办法。积极的心态有助于缓解压力。

3. 学习心理知识，学会自我减压

可合理、适度的宣泄压力，切勿掉进压力的“陷阱”，采取暴饮暴食、酗酒、飙车、匿名发帖攻击谩骂甚至吸毒等方式发泄情绪，不仅无助于缓解压力，而且害人害己。每个人纾解压力的方式不尽相同，重要的是找到适合自己的、积极的方式。例如，用唱歌、运动、旅游等方式进行减压。

实务训练一

赵磊大学毕业后应聘到某大型汽车制造公司焊装车间担任设备维修员。虽然大学学的是机械与自动化专业，属于对口专业，但工作起来还是觉得工作不够用。为了更快地适应并胜任工作，他主动学习，虚心向师傅求教，把每一次解决问题的过程都当成是学习提高的机会。他干活积极，对每一步不懂的操作，都会寻找机会询问有经验的老师傅。对领导布置的工作，每次都抢在前面，按时保质保量完成。由于他积极努力，在工作中不断培养自己的学习能力，使他在业务上进步很快，成为车间的骨干员工，令同事们十分钦佩，并多次获得领导的表扬。

问题：在工作中提升学习能力的方法有哪些?

解题思路：学习能力是基础。提升学习能力要立足本岗位，向身边的人学习，并将学到的知识运用到工作当中去。

参考答案

1. 积极的学习态度；保持积极的学习心态，避免学习误区。
2. 立足岗位，在实践中学习。
3. 向身边的人学习。
4. 养成不断学习的习惯。

实务训练二

为了充实分公司的技术力量，工作两年后的赵磊被调到分公司工作。分公司生产的车型与总部不同，可以学习一些新知识，掌握新技术。虽然离家比较远，但公司提供单身宿舍，而且工资和补助都比现在多一些。考虑以后，赵磊欣然前往。因为赵磊的工作岗位并没有变化，虽然维护的设备不同，但凭借以往的技术功底加上刻苦钻研，在技术上很快就可以独当一面了。但此时的赵磊却面临着新的难题，而且是他先前没有想到的。首先，现在的上级与以前的领导性格差别很大，先前的领导“热情开朗”，现在的领导是“低调深沉”。赵磊不知怎么与领导沟通交流；另外，同事们显然不把他当“自己人”，背后总是称呼他“那个总部派来的”。他想跟同事们和谐相处，但不知怎么做才好？为此，赵磊很苦恼，感到压力越来越大，萌生了调回总部的想法……

问题：

1. 与领导沟通需要掌握哪些原则？
2. 如何正确对待职场压力？

解题思路：要学会主动与领导沟通，沟通要选择恰当的时机。沟通的内容要清晰、完整。职场压力是每一位职场人都面临的问题。不能逃避，更不能采取极端的方式释放压力。要找到压力源，选择适合自己的解压方式。

参考答案

问题1：

（1）准确性原则。

（2）完整性原则。

（3）及时性原则。

（4）策略性原则。

问题2：

（1）正确认识压力。

（2）学会承受压力。

（3）学会纾解压力。

思考与练习题

1. 提升学习能力的方法有哪些？
2. 执行到位表现在哪几方面？
3. 倾听的要点是什么？
4. 与上级沟通的原则是什么？
5. 人际交往的原则是什么？

6. 提升情绪管理的方法有哪些?

7. 你是采取什么方式纾解压力的?

8. 案例分析。

在集团开展的“争做学习标兵，争当学习模范”的活动中，财务部员工余娜以高票当选，被集团授予2016年度“学习标兵”称号。

在工作的十多年中，余娜从未放弃学习。

2003年余娜从当地一所大专院校毕业应聘到北方工业集团，她如愿以偿地从事了会计工作，对工作很满足，也很珍惜。工作不久，她便利用业余时间看书学习，参加自学考试，拿到了会计的本科文凭。

余娜说:“做财务工作要有‘三心’，细心、耐心和责任心。”她负责业务的稽核工作，包括工资的审核、差旅费的审核、办公用品费用的审核等多个项目。每一笔业务都涉及资金结算，稽核是否准确，直接影响到公司利益。每一个项目稽核的手续都不相同，稍有闪失，就可能铸成大错，所以需要格外细心、耐心和更强的责任心。

为了不出错，余娜每天仔细研读相应的规章制度，对照书本上学到的知识，认真琢磨，很快成为部门的业务尖子。现在的余娜已经成为财务部的经理，工作更加繁忙。但工作再忙，再累，她从未放松过学习。几年下来，利用业余时间取得了“注册会计师证书”。还经常给年轻的员工进行培训，与大家分享她的工作心得和感悟。她说:“我是个危机感特别强的人，害怕被社会淘汰。我对新知识有着强烈的渴望。学习让我变得自信，只有坚持学习，才能进步，才能不断地丰富自己，发挥自己的价值。”

问题: 通过余娜的学习经历，简要回答在工作中养成不断学习习惯的方法。

第四章

职业化礼仪

学习目标

1. 了解职业化礼仪①的重要性。
2. 掌握职业化礼仪的基本内容。

学习重点

1. 个人礼仪的基本内容。
2. 工作礼仪的基本内容。

学习难点

学习和掌握工作交往中常用的礼仪知识。

学习引导

孔子曰："不学礼，无以立。"（《论语·季氏》）礼仪是每一位职场人士必备的基本素养。学习和掌握职业化礼仪有助于塑造良好的职业形象，展示个人的风度和魅力。通过个人礼仪的学习，了解和掌握人际交往中的一般礼节，可提升职业成熟度，提高职业修养和礼仪标准；通过日常工作礼仪的学习，有助于同事之间的彼此尊重和信任，促进和谐顺畅的人际交流和沟通。员工学习礼仪、讲究礼仪，不仅能提高自身的内在素质，而且也有助于维护企业的良好形象。学习礼仪知识固然重要，但更重要的是养成遵守职业礼仪的习惯，在日常工作中时时提醒自己做一名"懂礼貌、讲礼仪"的职业人。

---

① 本章职业化礼仪，主要介绍职业化员工应学习和掌握的职场礼仪，主要包括个人礼仪和日常工作礼仪两部分。

第一节　职业化礼仪概述

于莎莎的苦恼

于莎莎第二次竞职又以失败告终。她伤心之余向同事请教。同事直言不讳地说："因为你的形象跟这个职位不相符。虽然你已经是工作三年的'老员工'了，但从你的发型到穿衣打扮，给人的印象就像一名'幼稚的中学生'，而不是自信、大方的职业形象。你竞职的'行政主管'这个岗位，要求对内负责传达上级的行政指令，催办公司重大事项落实情况，对外负责与政府机关、社会各界、媒体的关系建设。你想一想，领导会把这样的'重担'交给一位看上去'很幼稚'的人吗?"

同事的一番话点醒了于莎莎。她开始反省自己，并开始注意自己的职场形象。

在职场，你的衣着要与你的职业身份相符合。你的着装，代表了你的品位，代表着你对人的尊重，同时也代表着公司形象。

一、职业化礼仪的特性

礼仪包括"礼"和"仪"两部分。"礼"指礼貌、礼节；"仪"指仪表、仪态、仪容、仪式。礼仪是礼节和仪式的总称，指在人际交往中，以约定俗成的方式来表现的律己敬人的行为。职业化礼仪是指在职业活动中，为了塑造良好的个人和组织形象，遵循一定的规则和标准来体现尊敬和友好的礼仪行为，具体表现为仪表端正、举止大方、谈吐优雅、服饰得体等方面。学习职业化礼仪的目的是塑造职业形象，提升沟通能力和人际交往能力，增强职业竞争力。职业化礼仪具有如下特征。

1. 适用性

职业化礼仪一般适用于职场活动中，有些礼仪规范仅适用于特定的工作场所或工作时间，超越特定范围则失效。例如，在休闲娱乐场所，就不必拘泥于职业化礼仪。

2. 规范性

职业化礼仪具有规范性，是人们在职场活动中自我约束的规范行为。

3. 具体性

不同行业或不同企业之间，职业化礼仪都有其具体的要求和规范。例如，酒店服务业的礼仪规范与制造业的礼仪表现形式和规范就有区别。即使同为酒店服务业，五星级酒店的礼仪规范与快捷酒店的礼仪规范也存在差异。由此可见，不同行业，甚至不同企业之间职业礼仪都有其具体的规范和表现形式。

二、职业化礼仪的原则

1. 尊重的原则

尊重是礼仪之本，是礼仪的首要原则。尊重他人，方可创造愉快和谐的人际关系。

2. 平等的原则

古人所说的“礼尚往来”，就是指礼仪的平等原则。礼仪行为表现往往是双方的，你施礼于人，对方自然还礼于你，要有来有往。平等是人与人交往的基础，也是保持良好人际关系的关键。

3. 适度的原则

礼仪行为要考虑具体情况，要因时、因地、因人而异，要结合具体情况，要善于把握尺度。“适度”要掌握感情适度、言谈适度和举止适度等。既要热情又要节制；既要主动友好又要不卑不亢。

4. 自律的原则

自律就是自我约束。严格按照礼仪标准规范自己的言行举止。平时多学习礼仪知识，自我检查、自我约束、自我提高。礼仪行为要严于律己，但勿苛求于人。

三、职业化礼仪的重要性

1. 职业化礼仪有助于塑造良好的职业形象

良好的职业形象可以增加自信，对人际交往、沟通以及职业发展都起到至关重要的作用。职业形象的塑造需要内外兼修，职业技能、专业实力、勤奋工作固然重要，但干净整洁的着装、落落大方的举止、礼貌优雅的言谈，这些职业化的礼仪规范也不可忽视。通过掌握和应用职业化礼仪可以有效地展示一个人的风度和魅力，体现学识和修养，帮助塑造良好的职业形象。

2. 职业化礼仪有助于调节人际关系

在工作交往中，遵守礼仪规范，有助于彼此尊重，相互信任，互助成长，避免或者缓和不必要的冲突和矛盾，对人际关系的和谐起着促进作用。

3. 职业化礼仪有助于传递企业形象

职业化礼仪不仅展示了个人形象，同时也传递了企业形象。企业的每一位员工都是企业的名片，员工的一言一行都代表者企业的形象。一位著名的人力资源专家曾说：企业中的人比企业的标识更具说服力。例如，售后服务人员，如果接待客户大方又周到，介绍产品耐心而专业，会给客户留下良好的印象，并且在与客户的互动过程中，传递和展示出企业的服务理念和企业形象，提高了企业的信誉度和美誉度。

有些人会认为，学不学礼仪是我个人的事情，我就爱“展示个性”，就喜欢“我行我素”。这样的想法就有些偏颇了。掌握和应用职业化礼仪不仅关乎着个人形象，也关乎着企业形象。作为企业的一分子，有责任也有义务为企业传递良好的形象。“内强专业素质，外塑企业形象”是对职业化礼仪很好的诠释。所以，无论是对个人还是对企业，学习职业化礼仪，应用职业化礼仪都是十分必要的。

第二节　个人礼仪

帅气的小李

小李是一位操作工。每次进入车间之前，第一件事就是穿好工作服，戴好工作帽。工作完毕，离开车间，小李每次都将工作服叠得整整齐齐放进更衣橱。而不是随手一塞，弄得工作服皱皱巴巴的。工作中，工作服难免弄脏，染上污渍。一旦发现弄脏了，立马换洗。平日小李对工作服非常爱惜，但时间长了，总会出现一些破损，如开线、纽扣松动等。小李发现以后，立即进行认真缝补。不像有些员工对破损的工作服听之任之，或者敷衍了事地在破损的地方贴上块胶布，工作服变成了“乞丐服”。

工作中的小李干活麻利，性格爽快，在人们眼中总是那么神采奕奕，干净清爽。同事们都夸奖小李，又精神又帅气！

一、仪容礼仪

仪容，通常是指人的容貌。在人际交往中，干净整洁的仪容会给人端正、舒服的感觉，是对人的尊重和礼貌。在职场，要时刻注意修饰自己的仪容，维护自己的形象。

（一）仪容整洁

1. 面容

清洁感是对面容的基本要求，应每天仔细清洁面部，保持面部的洁净。

2. 头发

头发是仪容中的重点，平日要做好头发的护理。头发的修饰要注意以下三点。

第一，头发要求干净整洁，梳理整齐，无头皮屑。

第二，发型款式美观大方，选择适合自己脸型的发型，注意扬长避短。不要紧跟潮流，留怪异发型。

第三，除演艺等特殊职业需求外，不漂染特殊颜色的头发。

3. 口腔

平时要注意口腔卫生。口腔卫生容易被忽略，所以要格外引起重视。

第一，牙齿上不要沾有食物残渣。

第二，避免口腔异味。口腔中发出难闻的气味，对方反感，自己也会尴尬。

4. 手及指甲

第一，养成勤洗手的好习惯。特殊岗位工作前需彻底清洁双手（如面点师、糕点师），不要在工作前涂抹带有气味的护手霜等。

第二，指甲保持干净，修剪整齐，指甲中不得留有污垢。不得留过长的指甲。特殊岗位（如面点师、糕点师）不得涂抹指甲油。

（二）化妆的注意事项

第一，宜淡妆。清雅淡妆可带来端庄、自信、干练的职场形象。切忌浓妆艳抹，留有过多的人工修饰痕迹。

第二，妆容应与环境、场合、年龄、身份等协调一致，与工作性质和工作环境相匹配。

第三，除特殊情况外，不要在工作场所或公共场所化妆。

第四，香水的使用。建议使用清新淡雅的香水，不鼓励使用味道过于浓烈或怪异的香水。有特殊要求的岗位不宜使用香水。

二、仪态礼仪

仪态又称“体态”，指人们身体所呈现的各种姿态，包括站姿、坐姿、行姿、表情和手势等。在工作中，大方得体的仪态会给人留下自信、专业的印象。

（一）站姿

站姿指人在站立时呈现的姿态，属于最基本的姿态。站姿分为三种基本形态：站立、稍息和跨立。

标准站立姿态如下：

第一，头正体直，挺胸收腹，重心上拔。

第二，精神饱满，双眼平视，下颌微收，神态自然。

第三，两肩平齐，两臂自然下垂，两手放于两腿侧，也可双手交叠，置于腹部前或后边。

第四，双脚分开，与肩同宽或双脚跟并拢，V 字站立，身体重心落于两脚正中。

（二）坐姿

坐姿分三个步骤，就座、落座和离座。分别要求如下：

1. 顺序

在正式社交场合，就座时，请位尊之人先入座；结束后，请位尊之人先行离座。如平辈或同事之间，可同时入座或离座。

2. 方位

就座时，要遵从左进左出的方式，即从左侧一方走向自己的座位，再从左侧一方离开自己的座位。

3. 动作

落座要轻。落座时声音要轻，动作要缓。坐下来应安静，切忌抖腿或双脚频繁移动。

深浅适度。坐有深坐、浅坐之别。一般在重要、严肃的场合或尊长在场的情况下，不宜深坐，即不宜坐满整个座位；一般说来，以占满整个座位的三分之二为宜。

离座要稳。离座时不要太“急”或太“冲”，并注意把椅子轻轻放回原位。

4. 姿态

正式的社交场合坐姿要端庄，上体正直，不可倚靠或仰靠后背；双手手掌朝下叠放于腿上或自然放于桌上；男士双腿可自然分开，但不宜超过肩宽；女士需双腿并拢，身着短裙时尤要注意。双脚自然落地，脚尖朝向正前方或侧前方。在比较轻松的非正式场合，可以坐得轻松、自然一些，肌肉松缓，变换坐姿，以作休息。不过无论何种坐姿，切忌两膝盖分开，尤其女性要注意。

（三）行姿

行姿就是走路的姿态。走路时的姿态不同，给人的感觉也不相同。有的人步伐矫健、灵活，给人年轻、有活力的感觉；有的步伐稳健、自然，给人以成熟、沉着的感觉；有的人步伐轻盈、优美，给人以欢悦、愉快的感觉。所以说，从走路的姿态可以反映出一个人的性格和修养。走路时需要注意以下几点：

第一，走路时要挺胸收腹，腰背挺拔。头摆正，双眼注视前方，下颌微收。双肩放平，双腿自然打开与肩同宽，双臂自然摆动。

第二，上身要直，不要左摇右晃，不要低头塌肩。否则给人以不稳重、不自信的印象。

第三，走路时注意步态美。步伐要干净利落，有节奏感。男士步伐要稳健、自信，女士要轻盈、优美。不可“拖泥带水”，抬不起脚来。

第四，走路时不要左顾右盼，更不要一边走路一边对行人指指点点地评头论足，显得很不礼貌。

（四）表情

面目表情在传情达意方面有着重要的作用，包括面色的变化、肌肉的收展以及眉、眼、嘴的动作等。其中眼睛被誉为心灵的窗户，是传递信息最有效的器官，下面重点介绍表情当中的目光接触。

1. 注视的时间

据调查发现，在交谈时，视线接触对方脸部的时间约占全部谈话时间的30%～60%，超过这个平均时间，则表示对谈话内容或谈话对象很感兴趣，低于这个平均时间，则表示没有兴趣。如果在交谈时对方神情不专、左顾右盼，或者不敢正视对方的眼睛，那么交谈则很难进行下去，也达不到交流的目的。

2. 视线位置

不同的场合注视的部位也不相同，一般分为公务凝视、社交凝视和亲密凝视。

公务凝视，适用于正式场合，如谈判、磋商等场合。注视的位置在对方双眼和双眼与额头之间。

社交凝视，适用于一般社交场合，注视区域在脸部的三角区，即嘴唇到双眼之间的区域。

亲密凝视，适用于亲密关系。注视区域在双眼到胸之间。

3. 注视方式

在我国古代，臣子朝拜时是不能直视皇帝的眼睛的。至今在一些非洲国家，如果对方地位比你高，你就不能直视对方的眼睛。人际交往中，在注视方式上，要多加注意，以避免使双方尴尬。

第一，与人交谈时，目光要注视对方。对方谈性正浓时，不要东张西望，表现出不耐烦的神情。如果对方说错话时，不要马上转移视线，让对方难堪。对谈话不感兴趣或想结束话题，可把目光稍稍移向别处。

第二，倾听时，要看着对方的眼睛。如果有兴趣，要迎合对方的目光，使得对方更有兴趣继续讲下去。

第三，注意要避免长时间注视同一地方。长时间注视固定的地方，会使对方感到紧张，交谈时可以适当转移一下视线，可以使对方心理放松。

（五）手势

手被誉为人的“第二双眼睛”，手在传递信息、情感上发挥着重要作用。据语言专家统计，表示手势的动词有近两百个。手势的运用可以反映出一个人的性格和修养，在实际运用中要注意手势礼仪，以下几点需要引起注意：

第一，手势动作幅度要适度，特别是在正式社交场合，手势的上界一般不应超过对方的视线，下界不低于自己的胸部，左右摆的范围不宜过宽。避免指手画脚，动作夸张。

第二，手势的使用不应过于频繁。手势是语言的辅助工具，在交流时不宜过多或重复使用。

第三，手势的使用要自然协调，手势要与环境协调，要与情感协调，要与语言协调。

第四，避免不良手势。比如抓头发、剔牙齿等不雅的手势动作。交谈时，为了强调自己，可以用手掌按在自己的胸口上，不要指着自己的鼻尖，更不要用手指着别人。

工作场合常用的手势有以下几种：

1. 请入座

接待客人入座时使用的“请”的手势。一只手摆动到腰间，手臂向下形成一条斜线，表示“请入座”。

2. 引导

为客人引路时使用的“请”的手势。走在客人左前方 1 ~2 步前，手跟小臂呈一条直线，五指并拢，掌心斜向上方 45°，并指示前方。

3. 鼓掌

多用于会议、欢迎来宾、比赛等场合，是表示欢迎、祝贺的一种手势。

正确做法是右手掌心向下，以右手四指有节奏地拍击掌心向上的左手手掌部位。

4. 递接物品

（1）递送物品

递送物品时要双手递送，不方便双手递送时，以右手递送，以左手递送是失礼行为。

在正式社交场合，递交贵重物品时，要正面面向对方，物品不可拿反，如有文字，文字应正面面向对方，要主动递与对方手中，动作轻而稳。

如果递送带刀、带刃或其他易于伤人的物品时，切勿将尖、刃直接指向对方，一般做法是使其朝向自己，或是朝向他处。

（2）接取物品

当对方递出物品时再伸出手接取，不可先伸出手。接取物品时应目视对方，而不是一味地只注视物品。要用双手或右手接取，不可用左手接取物品。必要时，为了表达恭敬和谢意，要起立接取。

三、服饰礼仪

西方有句谚语：你就是你所穿的！一个人的服饰可以传递出丰富的信息。服饰能显示出一个人的职业、气质、爱好、文化修养等。在工作场所和社交场合，应掌握和遵循服饰打扮的礼仪规范。

（一）着装的基本原则

1. “TOP”原则

TOP是三个英语单词的缩写。T（Time）指的是时间、年龄、季节和时代；O（Occasion）指的是目的、目标和对象；P（Place）指的是场所和职业。TOP原则是国际较为通用的原则，即着装应该兼顾时间、地点和场合，并能够与其协调一致。

（1）时间原则

不同时段的着装规则对职场人士非常重要。男士有一套质地上乘的深色西装或中山装可以涵盖不同的职业场合，而女士的着装则要随时间而变换。白天工作时，女士应穿着正式的制服或职业套装，以体现专业性；晚上出席晚宴则要加以修饰，服装的选择要与晚宴的氛围相符，还应考虑季节要求，可佩戴丝巾、首饰加以点缀。

（2）场合原则

衣着要与场合协调。与重要客户会谈、出席正式的会议，衣着应端庄考究；与朋友小聚，着装则以轻便舒适为要。

（3）地点原则

在家招待客人，着装可轻松随意，如拜访客户，要穿着职业套装，既是对客户的尊重，也显示自己的专业性。

2. 整洁原则

无论出席何种场合，穿着什么服装，干净整洁是其基本要求。一是整齐，衣服平整，不折不皱；二是洁净，勤洗勤换，无斑点，无污渍；三是完好，无残破。服装不必追求时髦，应穿出自信，穿出风采。

（二）服饰礼仪

不同的职业有不同的着装要求，不同的场合有不同的着装要求，不同的企业对员工的着装要求也有很大的差异。以下重点介绍西服、套裙、职业工装的礼仪规范。

1. 西服

（1）西服的选择

①面料。西服的面料应以高档毛料为主，尽量不要选用廉价的化纤面料。

②颜色。西服颜色一般是深蓝、灰、深灰等中性色彩，一般选择纯色或简单的条纹面料，不推荐大格或花纹面料。首推藏蓝色。藏蓝色西服搭配白色衬衣是职场上的标准制服。

③款式。款式有单排扣和双排扣之分。穿着双排扣西服时，所有的扣子都要扣上；穿着单排扣西服时，最下面的一颗扣子要敞开。

④风格。目前流行的西服风格有欧式、美式、英式和日式。不同的风格各具特色，欧式剪裁得体，双排扣居多；美式比较宽松，不贴身；英式具有绅士格调，多为单排扣；日式贴身凝重，多为单排扣。选择西服时要根据自己的身材和体形来决定。

⑤尺寸。西装的尺寸非常重要，过大、过小、过松、过紧都会破坏整体

形象。穿着西装务必要大小合身，宽松适度。

（2）西服的搭配

①领带。领带最好与西装颜色为同一色调，蓝色、灰色、棕色、黑色等单色领带也是理想的选择。领带与西服颜色要协调，尽量少佩戴浅色或艳色领带。忌月混合三种以上的颜色。

公务活动领带以单色为主，也可选择条纹、圆点、方格等图案的领带。最好选择羊毛或者真丝面料制作而成的领带。

领带有五大结法，平结、双交叉结、交叉结、双环结及温莎结。挑选好领带以后要根据特定场合选择领带的结法，充分发挥领带的功效。

②衬衣。与西装搭配的衬衣应当是正装衬衣，正装衬衣需为纯色，白色为首选，蓝色、灰色也可酌情选择。面料以纯棉或纯毛面料为主。正装衬衣的领型多为方领、短领和长领。选择时需考虑自己的脸形。正装衬衣必须为长袖衬衣。衬衣的袖口要长出西服两指。

③鞋袜。与西服搭配的鞋只能是皮鞋，一般牛皮鞋与西服最为搭配。简洁的黑色皮鞋为搭配西服的首选，忌浅色和亮色皮鞋。

2. *套裙*

（1）套裙的选择

①面料。面料以纯毛料为主，此外，质量上乘的亚麻、毛涤等面料也在选择范围之内。上衣、裙子、背心面料要统一。

②颜色。颜色以冷色调为主。不宜选用太亮丽的颜色。

③图案。正式场合需穿着纯色套裙。有些场合雅致的格子、条纹图案也可考虑。

④造型。套裙造型分为“H”形、“X”形、“A”形、“Y”形四种。“H”形上衣较为宽松，下裙为筒式；“X”形上衣为紧身型，裙子为喇叭式；“A”形上衣为紧身式，裙子较为宽松，上紧下松；“Y”形是上衣较为宽松，裙子为紧身式。要根据身材选择合适的套裙，注意扬长避短。

（2）套裙的搭配

①衬衫。真丝衬衫为首选，也可选择府绸、涤棉等面料的衬衫。白色衬衫为最基本的选择，也可选择浅粉色、浅蓝色等。衬衫颜色要与套裙协调，不要选择太艳丽的颜色或太“花哨”的衬衫。衬衫穿着时下摆应放入裙摆之

内；纽扣除上端第一颗可以不系外，其他纽扣要扣好。正式的商务场合衬衫不宜直接外穿。

②衬裙。套裙必须要有衬裙，特别是浅色的套裙。衬裙宜选择透气、柔软的面料。衬裙的颜色与外面套裙的颜色要相互协调，以单色为佳，可选择白色或肉色。衬裙的长度需适中，不可长于外面的套裙。

③鞋袜。高跟或半高跟的黑色船式皮鞋为搭配套裙的首选，此外，与套裙相同颜色的皮鞋亦可选择。系带鞋、靴子、凉鞋都不宜配套穿着。袜子通常选用高筒袜或连裤袜进行搭配，中筒和低筒袜均不能选择。肉色、黑色、浅灰色的袜子为常规选择。

穿着套裙时，要注意裙、鞋、袜之间的色彩要协调一致。切忌鞋袜不可当众脱下，袜口不可暴露在外，或不穿袜子，这在商务场合都是失礼的表现。

3. 职业工装穿着规范

职业工装指在生产服务第一线的员工在其工作岗位上按照规定必须穿着的，面料、颜色、款式整齐划一的服装。职业工装因行业差异，岗位不同差别很大，分类多，要求细，专业杂是其特点，有些特殊岗位对防护功能有很高的要求，如作业服、防护服等。

员工穿着职业工装即要体现岗位特点，同时代表企业形象，对工装穿着的规范要求如下：

第一，工装除特殊情况外，在工作时间必须穿着。

第二，工装要求整洁，穿戴正确（比如防护服应按要求穿戴）。纽扣要全部扣好，不要出现掉扣、错扣现象，袖口处不得显露个人衣物。口袋不要装过多物品，以免造成口袋鼓起影响美观。

第三，工作时要爱护工装。工作服要勤洗勤换，如发现污渍要及时换洗。出现脱线、破损要及时缝补。

第四，胸牌按企业要求佩戴，一般佩戴在左胸前。

第五，特殊岗位需按要求佩戴工作帽或安全帽。

第六，非工作需要，不得穿着工装离开工作区域。

四、交谈礼仪

在第三章“沟通能力”一节中，对“交谈时的注意事项”进行了阐述。

以下主要针对交谈的礼仪规范进行讲解。

（一）礼貌用语

礼貌用语是指社会上约定俗成的用以表示谦虚恭敬的用语。例如：

初次见面，要说“久仰”；
许久不见，要说“久违”；
等待客人，要说“恭候”；
客人来到，要说“光临”；
探望别人，要说“拜访”；
起身作别，要说“告辞”；
中途离开，要说“失陪”；
请人勿送，要说“留步”；
请人批评，要说“指教”；
托人办事，要说“拜托”。

交谈的语言要求是文明礼貌，清晰准确。

一般情况下，基本礼貌用语分为以下几种：

1. 问候语

代表性用语是“您好”。无论是见到同事还是接待来宾，或者接打电话，应主动问候“您好”。否则被视为目中无人，傲慢无礼的表现。

2. 请托语

代表性用语是“请”。如请求同事和领导的帮助、请求他人工作上的协助或托付他人代劳，应当使用“请”这一专用语。否则会给人生硬或居高临下的感觉，让人难以忍受。

3. 感谢语

代表性用语是“谢谢”。得到同事和领导帮助，获得支持和肯定、赢得理解、感到善意，均应使用此语表达感谢之情。

4. 道歉语

代表性用语是“抱歉”或“对不起”。在工作中，由于某种原因给他人带来不便，或妨碍、打扰了对方，以及未能满足对方的需求时，一般运用此语表示歉意，以求得到对方的谅解。

5. 道别语

代表性用语是“再见”，表达惜别之意。通常与他人告别时使用此语，是一种交际惯例。

交谈时的语言禁忌：

1. 忌脏话

有些人讲话爱带“口头语”，张口闭口“三字经”，似乎这样讲话才显得“豪爽”。这在正式社交场合是十分失礼的行为。满口脏话是修养欠佳的表现。

2. 忌黑话

黑话是黑社会中使用的行话。在社交场合使用黑话显得“痞气”和“粗俗”，令人生厌。

3. 忌荤话

有些人爱讲“黄段子”，自认为是幽默的表现，其实是失礼的行为。在社交场合讲“黄段子”是对交谈对象的不尊重。尤其是异性在场的情况下，切忌讲荤话。

（二）交谈的距离

关于人际交流时如何使用空间和距离的研究，被称为空间关系学。心理学家霍尔（Edward Hull）将人际空间距离分为四种：亲密距离、个人距离、社交距离、公众距离。

1. 亲密距离（0 ~ 46 厘米）

亲密距离，是人际交往的最小距离，属于亲爱的人、家庭成员、最好的朋友，适于最为密切的场合，不适宜社交场合。

2. 个人距离（46 ~ 120 厘米）

个人距离也称私人距离。同学、同事、朋友之间交流往来以此距离为宜。

3. 社交距离（120 ~ 360 厘米）

社交距离也称为礼貌距离。在此区域内人们相识但不熟悉。适合于礼节性或社交性的场合，如商务洽谈、接见来访等。

4. 公众距离（360 厘米到目光所及）

公众距离也称为一般距离。与陌生人的距离。主要是公共活动，如报告会、演讲等场合。

在社交场合里，每个人都需要有一个可以把握的自我空间，都有自己的心理空间距离。例如，你在与客户谈判时，使用的是社会距离；在与同事聊天时，使用的是个人距离；回到家，和亲人在一起时，使用的是亲密距离。当违反了这个原则，距离太远或者太近都会让人感觉不舒服。试想，如果与同事聊天，使用了礼貌距离，对方可能就会感觉疏远或冷淡。所以，要根据环境的变化，使用不同的人际空间距离。

（三）交谈的主题

交谈主题的选择要根据对象、环境而定，尽量选择轻松、高雅的主题，在主题的选择上要把握以下几点。

1. 既定的主题

双方事先确定好的主题或者一方准备好的主题。如征求意见、研讨工作等都属于既定好的主题。一般正式社交场合常常选择这种方式，彼此寒暄过后，直奔主题。

2. 擅长的主题

交谈双方都比较擅长的主题，尤其是交谈对象比较擅长或感兴趣的主题。如对方是文学爱好者，可以选择文学创作为主题；如对方是动漫爱好者，可以谈一些流行的动漫作品。但要把握以对方为中心，不要谈论自己擅长的而对方不懂或者不感兴趣的主题。否则，有夸夸其谈、卖弄才学之嫌，无法达到正常交流的目的。

3. 轻松的主题

适用于非正式场合的交谈。可以聊一些令人放松、愉快的话题，比如音乐会、电影、体育比赛、流行时尚等。每个人都可以参与其中，畅所欲言，自由发挥。

4. 忌讳的主题

（1）涉及敏感或机密事项的主题

如涉及企业秘密事项的话题，或带有倾向性的宗教、政治话题，在公务场合和商务场合忌谈论此类话题。

（2）个人隐私

如家庭情况、年龄、收入等个人不愿透露的话题。除非亲密朋友，否则忌谈涉及个人隐私的话题，初次见面更要避免此类话题。

（3）非议旁人

交谈时不要议论别人的是非长短，更不要无中生有，造谣中伤。在职业场合尤其要引起注意。

第三节　日常工作礼仪

“孤独”的王冰

起初，王冰并未把打招呼这件“小事”放在心上。他认为同事之间天天见面打不打招呼无所谓，并不会因此影响同事关系。所以，他从不主动和同事打招呼。偶尔和领导“狭路相逢”，才会迫不得已地“挤出”点笑容，算是打过招呼了。如果遇到同事主动向他打招呼，他也只是微微点个头，算是回应对方。久而久之，他被贴上了“冷漠、高傲、不合群、没礼貌”的标签。并且由于他的“冷淡”回应，同事们也不愿意主动和他打招呼了。越来越“孤独”的王冰，这才意识到职场礼仪的重要性。

一、交往礼仪

日常工作中的交往礼仪体现在待人接物的方方面面，如打招呼、称呼、介绍、握手等。交往中适当的礼仪会增进同事之间的感情，使沟通交流更加顺畅。

（一）打招呼礼仪

1. 打招呼的原则

（1）热情

无论什么场合，打招呼都要热情主动。有些人认为天天见面的同事之间没必要打招呼，或者见到领导才主动打招呼，遇到同事就想“凭什么我先打招呼呀”，这种想法是不正确的。打招呼是联络感情的方式，即使天天见面的同事，打招呼亦可增进感情，保持友谊。打招呼不分尊卑长幼，一视同仁，只要照面就打招呼。打招呼不要计较谁先谁后，先打招呼，方显得主动热情。

（2）尊重

打招呼时要尊重对方，不可怠慢或敷衍，不可使用不文明的语言或手势。

（3）友好

打招呼本身就是友好的表现，所以，打招呼时要面带微笑，友好示意。

（4）专注

打招呼可以是“一对一”或“一对多”。但无论何种情况，打招呼要专注，不可跟小李打招呼却看着小张。让对方感觉被忽视。

2. 打招呼的方式

打招呼的方式多种多样，可以问好、点头、握手、拥抱，熟悉的同事可以拍拍肩膀等。但以下三点需要注意：

第一，和领导或尊长打招呼，态度要恭敬，不可太随意或轻佻。

第二，和同事或晚辈打招呼可以灵活，对熟悉的同事打招呼可以采用拥抱、拍肩等方式，不熟悉的同事避免采用过分亲昵的动作，免得对方尴尬。

第三，如果打招呼时对方正在忙于工作或者与人谈话，只需点头微笑就好，尽量不要打扰到对方。

3. 对打招呼的回应

对打招呼的回应要及时而真诚。试想，同事热情地跟你打招呼，你却半天才回复，而且漫不经心，眼皮不抬地说声“谢谢”，对方会是什么感受。要第一时间回复并且道谢，态度要真挚、诚恳，要让对方感觉到你的诚意。最忌讳的是，同事跟你打招呼，你听见却假装没听见，态度漠然。这是极其失礼的表现，而且可能会给同事关系带来负面影响。

（二）称呼礼仪

称呼也叫称谓，是指在日常交往中，人们彼此之间使用的称谓语。我国古代对称谓十分讲究。现代礼仪虽不必过于泥古，但在人际交往中，恰当的称呼，是一种礼貌的表现。称呼根据场合的不同可以分为生活中的称呼、工作中的称呼。下面主要介绍工作中的称呼。

1. 职务称呼

职务称呼就是用所担任的职务作为称呼，在工作中普遍使用。一般在职务前加上姓氏，或者加上名字的全称。例如“王董事长”“杜经理”“郝云书记”等。

2. 职称称呼

对拥有中高级技术职称者，可在工作中以职称相称，例如“李教授”“张工程师”等。

3. 学衔称呼

学衔称呼可增强被称呼者的权威性，在比较强调知识含量的场合通常使用，例如“李博士”等。

4. 职业称呼

以其从事的职业作为称呼，例如“王师傅”“黄老师”“赵会计”等。

在工作中，称呼的使用非常频繁。称呼的使用务必规范，不恰当的称呼令对方尴尬，也使自己难堪。在称呼的使用时需要注意以下几点：

第一，称呼要以尊敬为先，避免失敬于人。如同多人打招呼，称呼时要遵循先长后幼、先疏后亲的原则。另外对尊长不可直呼其名。

第二，注意场合。一般去政府机关联系工作，应称呼“同志”，在学校称呼“老师”，在工厂则称呼“师傅”等。

第三，不要因疏忽而使用错误的称呼，如念错被称呼者的姓名；或对被称呼者的职位、职称等做出错误判断，产生误会。

第四，注意不使用庸俗低级的称呼；不使用绰号性的称呼，尤其不可使用侮辱性质的绰号。

（三）介绍礼仪

1. 自我介绍

自我介绍在工作交往中经常使用，自我介绍的方式和内容依据场合和情景的不同而有所区别，以下是两种常用的自我介绍方式。

（1）工作式

工作式的自我介绍包括本人姓名、供职的单位、部门及职务等。

例如："你好，我是晨光机械制造公司销售部的业务员王飞。"或者："你好，我叫王丽，是东立集团市场部经理。"

（2）问答式

问答式自我介绍常用于应聘和公务交往中。要求有问有答。

例如，甲问："先生，你好！请问你在哪里供职？"乙答："我在信诚商贸公司财务部工作，我叫杨晓光。"

自我介绍时需要注意两点：第一要把握分寸，注意时间。自我介绍要选择对方有兴趣并且比较空闲的时候，如果对方无兴趣且正在忙于工作，显然做自我介绍的时机不恰当。另外，自我介绍时间不宜过长，以半分钟左右为宜。第二要注意态度。自我介绍时态度要自然、亲切，落落大方。

2. 介绍他人

介绍他人，是由第三者替彼此不认识的双方所进行的介绍。介绍的先后次序应遵循"尊者拥有优先知情权"的规则。

在工作场合，需要介绍上下级时，先介绍下级，再介绍上级。有些人习惯先介绍领导，认为是对领导的尊重，其实是不妥的，应该先让领导知道面前的人是谁。有一种情况例外，就是只介绍领导，其他人都不介绍。需要引起注意的是，如果正副职都在场的情况下，一定要介绍清楚正副职。

在社交场合，一般是先介绍晚辈，后介绍长辈；先介绍男士，然后介绍女士。但如果职位低的女士与职位高的男士在一起，先将职位低的女士介绍给职位高的男士。

接待来访客人，一般先介绍主方人员，再介绍客方人员。

介绍时的注意事项：

第一，内容简单明了。一般介绍包括姓名、单位、职务等。

第二，态度要平等，不要厚此薄彼。不要对一方的介绍面面俱到，对另一方的介绍则点到为止，会使对方有被轻视的感觉。

第三，内容要实事求是，不要夸大其词。

（四）握手礼仪

1. 握手的场合

通常情况下，在与人初次见面、熟人久别重逢、告辞或送别、祝贺或安慰时，都可以握手表示善意。

还有一些特殊场合，例如，他人给予自己鼓励或帮助时，应握手表示感谢；他人向自己赠送礼品或颁发奖品，应与之握手，表示感谢；谈判时双方在重大问题上达成共识或原来的分歧达成和解时也以握手为礼。

2. 握手的次序

握手时双方伸手的先后次序应遵循“尊者决定”的原则，由位尊者先伸出手来，对方予以回应。一般在职业场合，握手时的先后次序取决于职位和身份。当上级与下级握手时，应由上级首先伸出手；职位较高者与职位较低者握手时，首先由职位较高者伸出手。在社交或休闲场合，握手的次序则取决于年龄、性别、婚否。长辈和晚辈之间握手时，由长辈先伸出手；男士和女士之间握手时，由女士先伸出手。但在接待来访者时情况比较特殊，一般是客人抵达时，由主人先伸出手来与客人相握，表示“欢迎”之意；客人告辞时，应由客人先伸出手来与主人相握，表示“再见”之意。

握手的次序不可颠倒，但也不必苛求别人。当自己是年长者或是上级时，有年轻人或下级主动伸出手来要求相握时，要与之配合，不能置之不理，否则，令对方难堪，自己也失礼于人。

3. 握手的方式

（1）姿势

握手时，彼此之间保持一步的距离，上身稍稍前倾，注视对方，面带微笑，伸出右手，四指并拢，拇指张开与对方相握，轻轻上下晃动3～4下，然后松开。

（2）时间

握手时间不宜过长或过短。一般情况下，老朋友见面时，握手时间可以稍长一些。初次见面者，握手时间控制在3秒以内，握一两下即可。

（3）力度

握手力度要适中，老朋友相见，为了表示热情，握手力度可以大一些。初次见面者或与异性握手，不可用力过猛，让对方无法承受；但用力也不可太轻，力度太小，会给人冷淡的感觉。

4. 握手的注意事项

第一，握手时要专注于对方，不可左顾右看，心不在焉。态度要自然亲切，不可表情呆板，神情木然。也不要过分热情，点头哈腰，握住久久不放，让对方不自在。

第二，握手时不要只握住对方的手指尖，或者只递给对方手指尖，好似被迫或无奈。

第三，不要用左手与人握手。不要戴着手套与人握手。只有女士在社交场合可以戴着装饰性的手套握手。

第四，握手前要注意卫生，不要用脏手或湿手与人相握。

第五，不要拒绝与他人握手。

二、通信礼仪

电话、传真、邮件是工作中常用的信息交流工具，在使用这些通信工具的过程中要注意掌握和遵守礼仪规范。

（一）电话

在工作中，电话是常用的信息交流工具。工作中使用电话沟通，不可以向与朋友、家人电话交流那样随意，需遵循一定的礼仪规范。学习和掌握电话沟通的技巧和礼仪规范对工作很有帮助。

1. 接听电话

（1）铃响三遍接听。一般在第二遍铃声以后，第三遍铃声响起之时接听。铃声响起三遍以后接听，要主动道歉。“对不起，让您久等了。”或者“抱歉，未及时接听您的电话，请原谅”。如果没有及时接听电话，也不道歉，会让对方感觉受到了轻视，是很不礼貌的行为。

（2）接听电话时要心情愉悦，语气温和，不要一副很不耐烦的语气。

（3）接听电话时做好记录。电话结束后，整理电话记录，第一时间告知相关人员。

（4）电话接通后，主动问好，并报上所在公司和部门的名称。例如：“您好。这里是××公司销售部。”不要只是“喂喂”或“你好”，使得对方还要确认：“请问，你是××公司吗？”

（5）了解来电者的信息。例如来电者的公司名称、部门名称、姓名及职务等。

（6）了解来电者的目的，确认来电内容。接听过程中不要打断对方，电话结束前再次确认来电内容，防止记录错误和漏项。牢记5W1H，即when何时，who何人，where何地，what何事，why为什么，how如何进行。电话记录要求简洁、准确、全面。

（7）感谢对方致电。等对方放下电话后，再挂断电话。不要急匆匆地未等对方说完即挂断电话。

2. 拨打电话

（1）选择对方方便的时间拨打电话。即便是公事，也要避免在业务繁忙的时候打电话。电话拨通后，可以跟对方确认一下时间是否方便。注意不要在对方休息的时间打电话谈公事，影响对方休息。

（2）先自报家门。例如："您好，我是××公司的×××。"

（3）内容简短、准确。寒暄后，直奔主题。如果是重要电话，可以先将事项列出来，避免遗漏重要内容。

（4）电话结束前，要致谢。例如："非常高兴与您通话"或"谢谢您，再见"等。

（5）打电话时，保持声音愉悦，吐字清晰，重点内容可加重语气或重复一遍引起对方注意。

3. 使用手机的注意事项

（1）工作时间不要使用手机谈论私事，更不要"煲电话粥"。如果是紧急事项，也不要占用大量时间。

（2）参加会议，手机铃声要调到静音状态，以免打扰他人。

（3）商务会谈时，尽量关机或调至静音状态。

（4）在办公区域内接打手机，要调低音量，不要大声喧哗。

（5）不要在开会、讨论事情或与人交谈时查看、发送短信和微信。

在电话交流中，声音占交流效果的90%。清亮的声音能展示你的热情，深沉、稳健的声音传达出你的自信，声音的魅力在电话沟通中不能忽视。

对于声音的运用需要注意以下几点：

第一，声调适中。声调太尖容易让人反感，太过低沉，又使人感到有气无力。

第二，语速适中。语速太快对方听不清楚，太慢又拖沓，使对方不耐烦。

第三，语言精练准确。尽量避免“口头禅”；避免使用方言，引发误解；更不要使用不文明用语。

（二）收发邮件礼仪

第一，邮件的题目要提纲挈领，要简短，不宜冗长。标题处不要空白。

第二，称呼要适当，注意礼貌用语和行文格式。邮件的开头要写明收件人，一般采用“姓＋职务”的形式。如果不了解职务，可以使用“先生”或“女士”。

第三，正文要简明扼要。内容表达清晰准确，行文通畅。切忌重点不明，含混不清，或错字连篇。重要信息可适当突出。

第四，如果有附件，正文后要提示查看附件。附近数目不宜过多，如果太多，以压缩包的形式发送。

第五，结尾签名要包含公司、部门、姓名、职务、电话和网址等信息，方便对方了解。

第六，接收邮件要在第一时间回复。回复时间根据企业要求而定，尽量不超过 24 小时。

三、特定工作场所礼仪

（一）参加会议礼仪

第一，准时参加。不无故迟到，缺席。因故不能参加要提前请假。

第二，按要求入座。不要推推搡搡，或对座位挑三拣四。

第三，认真倾听，做好记录。其他人发言时，要专注地倾听，不可左顾右盼，交头接耳。如有问题请举手示意，待主持人同意后方可发言。

第四，慎重发言。大型会议发言时，要提前做好准备。发言开始时先向听者问好或致意。发言时语调平和，声音适中，吐字清晰。不要超时，内容需言之有物。切勿高声喊叫、手势夸张、内容空洞。小型的座谈会、部门沟通会发言时，内容要简练，观点要明确，态度需谦和。

第五，遵守会议纪律。会议期间不要随意走动，将手机调至静音状态。不要玩弄手机，查看微信、短信留言或者玩游戏等。要遵守会议时间，不得无故中途离场。

（二）电梯礼仪

第一，进入电梯时勿拥挤，应先让电梯内的人出来之后方可进入，不可争先恐后。

第二，进入电梯，朝两侧站立，尽量站成“凹”字形，中间留出空位，方便后来进入者。

第三，与上级或长辈共乘电梯，要先站在电梯口处，开启电梯开关为上级和长辈服务。并让上级或长辈先行进入电梯，自己再随后进入。进入电梯后，应站在电梯开关处提供服务。出电梯时，按下按钮，请上级或长辈先行走出电梯。

第四，与客户共乘电梯，先按电梯按钮。电梯门打开时，可先行进入电梯，一手按“开门”按钮，另一手按住电梯侧门，礼貌地说“请进”，请客户进入电梯。进入电梯后，站立在开关处提供服务，按下客户要去的楼层按钮。到达目的楼层，一手按住“开门”按钮，另一手做出请出的动作，可说：“到了，您先请!”客人走出电梯后，自己立刻步出电梯，并上前引导方向。

第五，电梯空间很小，不宜高声喧哗，不宜指手画脚，动作夸张。

第六，其他注意事项：

①进出电梯要礼让，先出后进。遇到手提重物者，可请其先行。

②当电梯关门时，不要用手扒门。当电梯超载时，如果站在外侧，主动退出，等候下一趟电梯。

③进入电梯后，不要匆忙按下按钮，等待即将快步到达者。

④如站在按钮旁边，主动帮助不便使用按钮者。

⑤电梯内请勿进食、吸烟，也不宜使用味道浓烈的香水。

（三）食堂就餐礼仪

第一，进入食堂后依先后次序领取餐具，餐具要轻拿轻放。

第二，排队拿取食物，依照个人饭量，不要多取，以免造成浪费。

第三，用餐时要安静，遇到同事可点头示意，不要高声打招呼，切忌喧哗打闹。

第四，用餐时注意餐桌卫生，不要将菜或汤洒在餐桌上。如不小心滴落汤汁，自行擦拭干净。

第五，用餐时不要和同事褒贬饭菜味道，要尊重食堂工作人员的劳动。

第六，口中含有食物时，不要讲话，免得饭菜卡住喉咙，或将饭菜喷到邻座的饭菜上。

第七，用餐完毕，将餐盘放到指定位置。

实务训练

车间内勤小张正忙着做月度的生产统计表，这时，办公桌上的电话响了起来。铃响了六声，她才急忙抓起电话。

“喂，请问找谁？”

“你好，我是采购部小王，请于主任听电话。”

小张把电话放桌上，打开房门，对正在车间指导工作的于主任大声喊道：

“头儿，你的电话！”

问题：

1. 工作时的称呼礼仪有哪些？
2. 接听电话时，应该注意哪些礼仪？

解题思路：恰当的称呼，是礼貌的表现。在工作中，称呼要遵守一定的规范。电话是工作中常用的信息交流工具。工作中使用电话交流，应遵循一定的礼仪。不可以向与朋友、家人电话交流那样随意。

参考答案

问题1：

（1）职务称呼。

（2）职称称呼。

（3）学衔称呼。

（4）职业称呼。

在称呼的使用时要注意以下几点：

（1）称呼要以尊敬为先，避免失敬于人。

（2）要注意场合。

（3）不要使用错误的称呼。

（4）不要使用庸俗低级的称呼。

问题2：

（1）铃响三遍接听。一般在第二遍铃声以后，第三遍铃声响起之时接听。铃声响起三遍以后接听，要主动道歉。“对不起，让您久等了。”或者“抱歉，未及时接听您的电话，请原谅”。如果没有及时接听电话，也不道歉，会让对方感觉受到了轻视，是很不礼貌的行为。

（2）接听电话时要心情愉悦，语气温和，不要一副很不耐烦的语气。

（3）接听电话时做好记录。电话结束后，整理电话记录，第一时间告知相关人员。

（4）电话接通后，主动问好，并报上所在公司和部门的名称。例如：“您好。这里是××公司销售部。”不要只是“喂喂”或“你好”，使得对方还要确认：“请问，你是××公司吗？”

（5）了解来电者的信息。例如来电者的公司名称、部门名称、姓名及职务等。

（6）了解来电者的目的，确认来电内容。接听过程中不要打断对方，电话结束前再次确认来电内容，防止记录错误和漏项。牢记5W1H，即when何时，who何人，where何地，what何事，why为什么，how如何进行。电话记录要求简洁、准确、全面。

（7）感谢对方致电。等对方放下电话后，再挂断电话。不要急匆匆地未等对方说完即挂断电话。

思考与练习题

1. 职业礼仪需要遵循哪些原则？
2. 掌握职业礼仪的重要性是什么？
3. 走路时的注意事项有哪几点？
4. 职业工装的穿着规范有哪些要求？
5. 一般情况下，基本的礼貌用语分为哪几种？
6. 接听电话的礼仪包括哪些方面？
7. 参加会议礼仪要求是什么？
8. 案例分析。

小刘接到通知，明天陪同CEO参加一场高水平的产品研讨会。该研讨会邀请了很多商界知名人士参加。小刘非常珍惜这次参会的机会，出发前精心打扮了一番。穿上曾在公司年会上令同事“惊艳”的红色连衣裙，配上亮闪闪的项链、大大的耳环和时尚的手镯。再加上精致的妆容，俨然是一位“时髦女郎”的模样。兴奋的小刘走进会场立刻“傻了眼”。原来参会人员都身着严谨、规范的职业装。她像个闯进会场的“外星人”一样与大家格格不入。已经落座的CEO看到她这副装扮，也吃惊得张大了嘴巴……

问题：根据上述场景，请回答着装的基本原则是什么？

附　录

一、职业化能力测试

（一）执行能力自我测试

执行能力是决定企业成败的一个重要因素，也是每一位员工提高工作效率和工作业绩的决定因素之一。如果失去执行能力，再好的战略目标，都只是幻想。请您按提示选择您认为切合实际的答案。

1. 你能在新的工作岗位轻而易举地适应与过去的习惯迥然不同的新规定、新方法吗？

A. 是　　　　B. 否

2. 你进入一个新的部门，能很快适应新的团队吗？

A. 是　　　　B. 否

3. 你是否善于倾听？

A. 是　　　　B. 否

4. 对于工作中不明白的地方，你会向领导提出疑问吗？

A. 是　　　　B. 否

5. 如果你了解到在某件事上上级与你的观点截然相反，你还能直抒己见吗？

A. 是　　　　B. 否

6. 今天上班前天气似乎要变，带雨具又麻烦，你能很轻松地作出决定吗？

A. 是　　　　B. 否

7. 规定时间要递交的方案，你发现方案有不足之处，你会上交吗？

A. 是　　　　B. 否

8. 平时你能直率地说明自己拒绝某事的真实动机，而不虚构一些理由来掩饰吗？

A. 是　　B. 否

9. 做一项重要工作之前，你是否尽可能地去获取最好的建议呢？

A. 是　　B. 否

10. 做一项工作之前，你会为自己制订工作计划吗？

A. 是　　B. 否

11. 你从来不找借口来掩饰工作中的小错误吗？

A. 是　　B. 否

12. 为了公司整体利益，你会得罪某人吗？

A. 是　　B. 否

13. 你是否充分信任自己的合作者呢？

A. 是　　B. 否

14. 对于困难的工作，你是否能全力以赴地执行使命呢？

A. 是　　B. 否

15. 对自己许下的诺言，你是否能一贯遵守？

A. 是　　B. 否

16. 你认为自己勤奋而不偷懒吗？

A. 是　　B. 否

17. 你常有顺利完成工作的自信吗？

A. 是　　B. 否

18. 工作辛苦之时，你是否仍能保持幽默感呢？

A. 是　　B. 否

积分标准：

选择 A 得 1 分，选择 B 不得分。然后将各题所得的分数相加。

测试总得分：________

测试结果：

（1）总得分为 15～18 分，执行能力很强。你有较开阔的眼界与合理的知识结构，行事主动果断，有着良好的敬业精神，是上级和同事信赖的对象。

如果辅以正确的执行方法，在工作中肯定能够取得很好的工作业绩。

（2）总得分10～14分，执行能力一般。工作中你的效率平平，但你也不会拖团队的后腿。要想有良好的工作业绩，就要发挥积极主动、埋头苦干的精神，你才能出类拔萃。

（3）总得分为9分以下，执行能力很差。做事拖拖拉拉，如果一件工作有谁替你去做，你简直对他感激不尽。你使人觉得难以信赖，与你共事感觉很疲惫。对你来说，不做事才逍遥，但在你拒绝做事或不负责任的时候，你也失去了一次成功的机会。

资料来源：曹操战：《职业能力测试文本》，暨南大学出版社，2006年版

（二）抗挫折能力测试题

抗挫折能力是一个人在受到外部或内部困难冲击时的一种自我意识的防卫心理及行为。如果一个人的抗挫折能力很差，那么他在遇到困难时心理就很容易被摧垮，导致自暴自弃。反之，抗挫折能力强的人，就算遇到再大的困难也能应付自如。想知道你的抗挫折能力吗？请认真回答下面的测试问卷吧！

1. 在面临困难时，你通常采用何种应对方法？

A. 放弃目标

B. 知难而进

C. 找人帮助

2. 对于每次遇到的挫折，你通常能解决到什么程度？

A. 大部分自己无法解决

B. 大部分靠自己解决

C. 有一部分靠自己解决

3. 与周围的人相比，你对自己的能力素质的自信程度如何？

A. 不太自信

B. 十分自信

C. 比较自信

4. 在过去的一年中，你认为自己遭受挫折的次数为：

A. 6 次以上

B. 2 次或以下

C. 3 ~6 次

5. 如果有令你很担心的事情发生时，你通常：

A. 无法安心工作

B. 工作照样不误

C. 介于 A、B 之间

6. 碰到令人讨厌的竞争对手，你通常：

A. 无法应付

B. 应付自如

C. 介于 A、B 之间

7. 面临失败时，你通常的做法是：

A. 破罐破摔

B. 把失败转化为成功

C. 介于 A、B 之间

8. 当工作进展太慢时，你会：

A. 焦躁万分

B. 冷静地想办法

C. 介于 A、B 之间

9. 碰到难题时，你通常会：

A. 失去信心

B. 为解决问题而费尽心思

C. 介于 A、B 之间

10. 在工作中感到疲劳，你通常：

A. 总是想着疲劳，脑子也变得不好使了

B. 休息一段时间，就能把疲劳淡忘掉

C. 介于 A、B 之间

11. 当工作条件恶劣时，你通常：

A. 无法干好工作

B. 能克服困难，干好工作

C. 介于 A、B 之间

12. 当因工作而产生自卑感时，你会：

A. 不想再干工作

B. 继续振奋精神去干工作

C. 介于 A、B 之间

13. 当上级交给你很难完成的任务时，你会：

A. 竭力把任务顶回去

B. 千方百计地干好

C. 介于 A、B 之间

14. 当困难落到自己头上时，你往往会：

A. 厌恶至极

B. 认为这是个锻炼的机会

C. 介于 A、B 之间

积分标准：

选择 A 得 1 分，选择 B 得 3 分，选择 C 得 2 分，然后将各题所得的分数相加。

测试总得分：________

测试结果：

（1）总得分为 20 分以下，说明你的抗挫折能力很差。

（2）总得分为 21 ~30 分，说明你虽有一定的抗挫折能力，但对某些挫折的抵抗力却很薄弱。

（3）总得分为 31 分以上，说明你的抗挫折能力很强。

资料来源：曹操战：《职业能力测试文本》，暨南大学出版社，2006 年版

（三）情绪管理能力测试

国际标准情商测试题——测测你的情商是多少?

这是一组欧洲流行的测试题，可口可乐公司、麦当劳公司等众多世界 500

强企业曾以此作为员工 EQ 测试的模板，帮助员工了解自己的 EQ 状况。共 33 题，测试时间 25 分钟，最高 EQ 为 174 分。

第 1 ~ 9 题：请从下面的问题中，选择一个和自己最切合的答案。

1. 我有能力克服各种困难：________

A. 是的　　B. 不一定　　C. 不是的

2. 如果我能到一个新的环境，我要把生活安排得：________

A. 和从前相仿　　B. 不一定　　C. 和从前不一样

3. 一生中，我觉得自己能达到我所预想的目标：________

A. 是的　　B. 不一定　　C. 不是的

4. 不知为什么，有些人总是回避或冷淡我：________

A. 不是的　　B. 不一定　　C. 是的

5. 在大街上，我常常避开我不愿打招呼的人：________

A. 从未如此　　B. 偶尔如此　　C. 有时如此

6. 当我集中精力工作时，假如有人在旁边高谈阔论：________

A. 我仍能专心工作　　B. 介于 A、C 之间　　C. 我不能专心且感到愤怒

7. 我不论到什么地方，都能清楚地辨别方向：________

A. 是的　　B. 不一定　　C. 不是的

8. 我热爱所学的专业和所从事的工作：________

A. 是的　　B. 不一定　　C. 不是的

9. 气候的变化不会影响我的情绪：________

A. 是的　　B. 介于 A、C 之间　　C. 不是的

第 10 ~ 16 题：请如实选答下列问题，将答案填入右边横线处。

10. 我从不因流言蜚语而生气：________

A. 是的　　B. 介于 A、C 之间　　C. 不是的

11. 我善于控制自己的面部表情：________

A. 是的　　B. 不太确定　　C. 不是的

12. 在就寝时，我常常：________

A. 极易入睡　　B. 介于 A、C 之间　　C. 不易入睡

13. 有人侵扰我时，我：________

A. 不露声色　　B. 介于 A、C 之间　　C. 大声抗议，以泄己愤

14. 在和人争辩或工作出现失误后，我常常感到震颤，精疲力竭，而不能继续安心工作：________

A. 不是的　　B. 介于 A、C 之间　　C. 是的

15. 我常常被一些无谓的小事困扰：________

A. 不是的　　B. 介于 A、C 之间　　C. 是的

16. 我宁愿住在僻静的郊区，也不愿住在嘈杂的市区：________

A. 不是的　　B. 不太确定　　C. 是的

第 17 ~ 25 题：在下列问题中，每一题请选择一个和自己最切合的答案。

17. 我被朋友、同事起过绰号、挖苦过：________

A. 从来没有　　B. 偶尔有过　　C. 这是常有的事

18. 有一种食物使我吃后呕吐：________

A. 没有　　B. 记不清　　C. 有

19. 除去看见的世界外，我的心中没有另外的世界：________

A. 没有　　B. 记不清　　C. 有

20. 我会想到若干年后有什么使自己极为不安的事：________

A. 从来没有想过　　B. 偶尔想到过　　C. 经常想到

21. 我常常觉得自己的家庭对自己不好，但是我又确切地知道他们的确对我好：________

A. 否　　B. 说不清楚　　C. 是

22. 每天我一回家就立刻把门关上：________

A. 否　　B. 不清楚　　C. 是

23. 我坐在小房间里把门关上，但我仍觉得心里不安：________

A. 否　　B. 偶尔是　　C. 是

24. 当一件事需要我做决定时，我常觉得很难：________

A. 否　　B. 偶尔是　　C. 是

25. 我常常用抛硬币、翻纸、抽签之类的游戏来预测凶吉：________

A. 否　　B. 偶尔是　　C. 是

第 26 ~ 29 题：下面各题，请按实际情况如实回答，仅须回答“是”或“否”即可，在你选择的答案的横线处打“√”。

26. 为了工作我早出晚归，早晨起床我常常感到疲惫不堪：

是________否________

27. 在某种心境下，我会因为困惑陷入空想，将工作搁置下来：

是________否________

28. 我的神经脆弱，稍有刺激就会使我战栗：

是________否________

29. 睡梦中，我常常被噩梦惊醒：

是________否________

第 30～33 题：本组测试共 4 题，每题有 5 种答案，请选择与自己最切合的答案，在你选择的答案下打“√”。

答案标准如下：

1. 从不　2. 几乎不　3. 一半时间　4. 大多数时间　5. 总是

30. 在工作中，我愿意挑战艰巨的任务。　1　2　3　4　5

31. 我常发现别人好的意愿。　1　2　3　4　5

32. 能听取不同的意见，包括对自己的批评。　1　2　3　4　5

33. 我时常勉励自己，对未来充满希望。　1　2　3　4　5

参考答案及计分评估：

计分时请按照计分标准，先算出各部分得分，最后将几部分得分相加，得到的分值即为你的最终得分。

第 1～9 题，每回答一个 A 得 6 分，回答一个 B 得 3 分，回答一个 C 得 0 分。计________分。

第 10～16 题，每回答一个 A 得 5 分，回答一个 B 得 2 分，回答一个 C 得 0 分。计________分。

第 17～25 题，每回答一个 A 得 5 分，回答一个 B 得 2 分，回答一个 C 得 0 分。计________分。

第 26～29 题，每回答一个“是”得 0 分，回答一个“否”得 5 分。计________分。

第 30～33 题，从左至右分数分别为 1 分、2 分、3 分、4 分、5 分。计________分。

总计为________分。

【专家点评】

近年来，EQ——情绪智商，逐渐受到了重视，世界500强企业还将EQ测试作为员工招聘、培训、任命的重要参考标准。

看我们身边，有些人绝顶聪明，IQ很高，却一事无成，甚至有人可以说是某一方面的能手，却仍被拒于企业大门之外；相反地，许多IQ平庸者，却反而常有令人羡慕的良机、杰出不凡的表现。

为什么呢？最大的原因在于EQ的不同！一个人若没有情绪智商，不懂得提高情绪自制力、自我驱使力，也没有同情心和热忱的毅力，就可能是个“EQ低能儿”。

通过以上测试，你就能对自己的EQ有所了解。但切记这不是一个求职询问表，用不着有意识地尽量展示你的优点和掩饰你的缺点。如果你真心想对自己有一个判断，那你就不应施加任何粉饰。否则，你应重测一次。

测试后如果你的得分在90分以下，说明你的EQ较低，你常常不能控制自己，极易被自己的情绪所影响。很多时候，你容易被激怒、动火、发脾气，这是非常危险的信号——你的事业可能会毁于你的急躁。对于此，最好的解决办法是能够给不好的东西一个好的解释，保持头脑冷静，使自己心情开朗。正如富兰克林所说：“任何人生气都是有理由的，但很少有令人信服的理由。”

如果你的得分在90~129分，说明你的EQ一般，对于一件事，你不同时候的表现可能不一样，这与你的意识有关，你比前者更具有EQ意识，但这种意识不是常常都有，因此需要你多加注意、时时提醒。

如果你的得分在130~149分，说明你的EQ较高，你是一个快乐的人，不易恐惧担忧，对于工作你热情投入、敢于负责，你为人更是正义正直、同情关怀，这是你的优点，应该努力保持。

如果你的EQ在150分以上，那你就是个EQ高手，你的情绪智商不但是你事业的助手，更是你事业有成的一个重要前提条件。

资料来源：［美］丹尼尔·戈尔曼：《情商》，中信出版社，2010年版

二、职业化训练游戏

（一）合作训练游戏

游戏一：风中劲草

目的：

1. 认识到团队合作的重要性。

2. 团队成员之间的信任是团队成功的支柱。

程序：

1. 教师让每组学员（8 人）围成一个向心圆，直径 2～2.5 米，而教师自己站在中央。

2. 每个人伸出自己的双手，教师则双手抱在胸前，并作以下的沟通对话。

——教师：“我叫……（说出自己的名字），我准备好了，你们准备好了吗?”

——全体学员：“准备好了！”

——教师：“我倒了？”

——全体学员：“倒吧！”

3. 这时教师整个身体完全倒在学员的手中，全体学员把教师按顺时针推动两圈。

4. 教师做完示范后，小组中的每位成员轮流做一次。

5. 要求站在中央的人倒下时身体应保持直立，注意不要打开双手，以免伤及他人。

讨论：

1. 该游戏最难的地方在哪里？下次你会怎样改进？

2. 在活动过程中，你感觉团队的合作意识怎样？是否有信任感？

游戏二：踩轮胎

目的：

培养团队合作意识。

程序：

教师将一只备用的轮胎放在地上，然后让全体学员（10 人一组）站上去，要求至少能够停留5秒。学员们在做的过程中要注意安全。

讨论：

1. 好的主意是怎样产生的？

2. 你认为大家是否容易达成共识？

3. 有没有争议出现？对于这些争议团队是怎么处理的？

（二）沟通训练游戏

游戏一：传球

目的：

1. 发挥学员的创造力。

2. 让学员体会到该如何协调不同的意见以达到最有效的沟通。

程序：

1. 教师发给每个小组（6~7人一组）一个小球。

2. 小球在小组内传递。球不能给自己紧邻的组员，每个组员最少接到一次球，球最后传回发球者手中。

3. 记录完成一次的时间。在最短的时间内完成的小组获胜。

讨论：

1. 你们是怎样协调不同意见并找出最佳方案的？

2. 当第一次比赛结束后，如果知道别的团队获胜，你有什么感觉？

游戏二：瞎子摸号

目的：

1. 学会以良好的心态去适应新的环境。

2. 人体语言沟通技巧的运用。

程序：

1. 让每位学员戴上眼罩。给他们每人一个号码，但这个号码只有本人知道。

2. 各组（14~16人一组）根据每人的号数，按从小到大的顺序排列出一条直线。

3. 全过程任何人都不能说话，只要有人说话或摘下眼罩，就视为犯规而终止这一轮的游戏。

讨论：

1. 你是使用什么方法来通知你的位置和号数的？

2. 沟通中遇到了什么问题？你是怎么解决的？

3. 你觉得有什么更好的方法？

（三）自我表达训练游戏

目的：

1. 团队中的自我表达训练。

2. 激发学员的积极性和自信心。

程序：

以两人为一组，每位学员需要向对方提供以下一道、两道或者三道问题，并记录答案。

1. 在外形上，你喜欢自己的两个方面。

2. 在个人品质上，你喜欢自己的两个方面。

3. 在才华和技能上，你喜欢自己的一个方面。

讨论：

1. 你们中有多少人在听到游戏规则后是笑着对对方说：“您先请！”

2. 你是否发现这个游戏开始是非常困难的？

3. 现在你的感觉如何？

资料来源：姚裕群等：《团队建设与管理》，首都经济贸易大学出版社，2006 年版

主要参考文献

［1］［美］杰弗里·H. 格林豪斯，杰勒德·A. 卡拉南，维罗妮卡·M. 戈德谢克．职业生涯管理［M］．王伟，译，北京：清华大学出版社，2006.

［2］中国就业培训技术指导中心．职业道德［M］．北京：中央广播电视大学出版社，2007.

［3］［美］史蒂文·L. 麦克沙恩，玛丽·安·格里诺．组织行为学［M］．井润田，王冰洁，赵卫东，译．北京：机械工业出版社，2007.

［4］［美］韦恩·F. 卡肖．人力资源管理［M］．王重鸣，译．北京：机械工业出版社，2006.

［5］王伟立，李慧群．华为的管理模式［M］．海天出版社，2011.

［6］郭建宁．社会主义核心价值观基本内容释义［M］．北京：人民出版社，2014.

［7］［英］麦克劳德，布雷迪．敬业：从优秀到卓越的公司精神［M］．姜法奎，曹金凤，译．北京：中国市场出版社，2009.

［8］杨学敏．每人只错了一点点［M］．北京：中国纺织出版社，2005.

［9］易钟．海底捞的秘密［M］．广州：广东经济出版社，2011.

［10］李永辉，张颖．周恩来公共外交访谈录［M］．黑龙江：黑龙江人民出版社，2013.

［11］胡泳，秦劭斐．张敏瑞管理日志［M］．北京：中信出版社，2008.

［12］李工复．做最好的自己［M］．北京：人民出版社，2005.

［13］张德．组织行为学［M］．北京：高等教育出版社，2008.

［14］陈春花．管理沟通［M］．广州：华南理工大学出版社，2008.

［15］［美］丹尼尔·戈尔曼．社交商［M］．魏平，张岩，王乾，译．北京：中信出版社，2010.

［16］姚裕群，许晓青，李晓刚．团队建设与管理［M］．北京：首都经济贸易大学出版社，2006.

［17］彭聃龄．普通心理学［M］．北京：北京师范大学出版集团，2004.

［18］全国13所高等院校《社会心理学》编写组．社会心理学［M］．天津：南开大学出版社，2008.

［19］陈春花，杨忠，曹洲涛．组织行为学［M］．北京：机械工业出版社，2011.

［20］［美］丹尼尔·戈尔曼．情商［M］．杨春晓，译．北京：中信出版社，2010.

［21］童佳瑾，王磊，解雪．中国人力资源开发［J］．2008，（2）：90～94.

［22］金正昆．职场礼仪［M］．北京：中国人民大学出版社，2008.

［23］张岩松，张丽英．现代职业礼仪与人际沟通［M］．北京：清华大学出版社，北京交通大学出版社，2011.

出版说明

首都职工素质建设工程是北京市总工会、北京市委组织部、北京市委统战部、北京市教育委员会、北京市科学技术委员会、北京市经济和信息化委员会、北京市财政局、北京市人力资源和社会保障局、北京市人民政府国有资产监督管理委员会、北京市工商业联合会、北京市科学技术协会、国家开放大学和北京开放大学13家单位，在终身学习背景下，将全面提高首都职工队伍素质作为长期战略任务而为全市职工搭建的公共服务共享平台。为向该平台提供有效、实用的教学内容和课程资源，首都职工素质建设工程指导委员会办公室与中国工人出版社联合开展了“首都职工素质建设工程专版教材开发项目”。

“首都职工素质建设工程专版教材开发项目”的顺利开展，得到了中国工人出版社的大力支持。中国工人出版社隶属于中华全国总工会，下设职工教育分社专业从事职工教育领域图书出版业务，其目标是为全国亿万职工提供优质的职工素质教育、岗位资格培训教材，职工读物，以及相关音像产品，承担着中华全国总工会“全国职工素质建设工程”五年规划教材研发出版任务。参与该项目的建设，是中国工人出版社“服务职工、服务企事业、服务工会”的出版理念，在落实和践行提高职工队伍整体素质战略举措中发挥知识服务作用的体现。

为尽快将资源建设内容传递到职工手中，在“共同参与、共同研究、共同建设”的出版和培训理念的指导下，我们的工作得到了许多专家、业内人士和广大企业与职工的大力支持和有关方面的鼎力相助，在此表示衷心的感谢！

该系列教材的开发是我们在职工素质教育探索工作中的初步成果。限于我们的能力和水平，不足之处在所难免。衷心期望社会各界、特别是广大学习者提出宝贵意见和建议。

图书在版编目（CIP）数据

职工职业化训练 / 夏雪莹著.—北京：中国工人出版社，2017.5
ISBN 978-7-5008-6652-7

Ⅰ.①职… Ⅱ.①夏… Ⅲ.①职业道德 Ⅳ.①B822.9

中国版本图书馆CIP数据核字（2017）第073526号

职工职业化训练

出 版 人	芮宗金
责任编辑	石钰艳
责任校对	赵贵芬
责任印制	栾征宇
出版发行	中国工人出版社
地　　址	北京市东城区鼓楼外大街45号　邮编：100120
网　　址	http://www.wp-china.com
电　　话	（010）62005043（总编室）　（010）62005039（出版物流部） （010）62382916（职工教育分社）
发行热线	（010）62005996　（010）82075964（传真）
经　　销	各地书店
印　　制	北京中印联印务有限公司
开　　本	710毫米×1000毫米　1/16
印　　张	11.5
字　　数	200千字
版　　次	2017年6月第1版　2017年6月第1次印刷
定　　价	38.00 元